手作人最愛的
防水布 帆布 機能包

作者／吳玫妤、蔡麗娟

手作人最愛的 防水布 帆布 機能包

CONTENTS

從想應兒子的要求做個筆袋開始，不得不重拾自家政科畢業後即已封存的縫紉機，也因此開啟愛上做手作包。

手作包的好處，是可依個人喜好、需求及使用習慣而製作，即便是相同包款若使用不同花色或材質，那麼所呈現出的風格也會各不同。我想這就是手作包迷人之處。

書中所使用的材質大部分為英國防水布及水洗石蠟帆布，兩種材質皆具有厚薄適中不需燙襯的特性，不僅節省手作的時間，也讓做包更輕鬆愉快。

很開心有這個機會跟喜歡手作的朋友分享做包的樂趣，要謝謝此書的編輯和夥伴 Everlyn 的激勵。在家人的支持及出版團隊的努力下，我們完成這本書。

現在，要感謝支持此書的你，讓我們一起在手作的世界盡情悠遊吧！

吳玫妤 Mei Wu

從事創作之路一直是件很開心的事，也沒想過要出書，直到接到出版社的邀約，才開啟了這本手作書的創作之路，我與手作夥伴玫妤兩人共同討論，都有種無法置信的感覺!! 我倆抱著一股分享手作的美好及為自己的生命旅程留下紀念的想法，就展開創作的行動，經驗的不足，讓我做了不少失敗的作品，但也從中再次累積靈感。

能在工作之餘，和有限的時間裡接觸手作是令人開心的！

使用英國防水布和日本水洗石蠟帆布來創作，不必燙襯便能有相當的挺度，而且與眾不同，一直是我深愛的材料!! 藉由此書，與大家分享!!

能與玫妤一起創作，大大增加了我完成此書的勇氣，彼此分享學習及研究的過程是值得回憶的。感謝家人朋友們一路的支持及體諒，更要謝謝出版社這麼膽大的邀約，才有這本充滿手作人最愛的防水布、帆布機能包！

蔡麗娟 Everlyn Tsai

作品 made by 吉諾

縫製開始的
事先預習

擁有一個屬於自己獨一無二的手工包,相信是許多手作者最想做的
一件事。想要做的快速又漂亮,那麼有一些包包必備的基礎做法,
只要學會了,就可以應用在每個包款哦!

【基本技法—各種提、肩背帶製作】

●防水肩背帶製作

〔所需材料〕　❶ 防水布 (1)：寬 38 X 7.5cm (含縫份)　❸ 3mm 寬雙面膠
　　　　　　　❷ 防水布 (2)：寬 80 X 4cm (含縫份)　❹ 2.5cm 活動彈簧圈 X 2

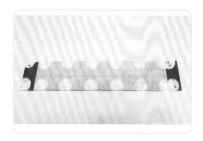

01 先將防水布 (1) 的左右兩側 2cm 處內折，以雙面膠帶做黏貼。

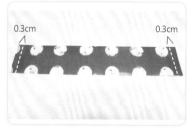

02 翻至正面，由左右兩側距離布邊 0.3cm 處做壓線。

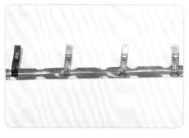

03 將防水布 (2) 先取中心線，並將兩側往中心線內折以夾子固定。

04 翻至正面，在二側距離布邊 0.3cm 處做壓線。

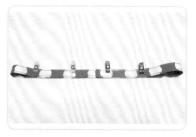

05 接著將 (2) 的兩側往中心點處內折，以夾子固定。

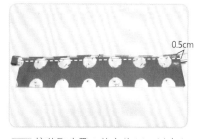

06 接著取步驟 2 的布片 (1)，以中心點對中心點對齊布片 (2)。距離布邊 0.5cm 處做車縫固定。

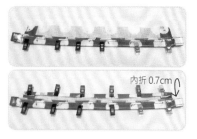

07 將布片 (1) 由上往下摺包住 (2) 的部分。接著再將 (1) 的另一側布邊縫份先內折 0.7cm。

08 最後再摺一次疊在步驟 (1) 的布片上，如圖需蓋超過步驟 6 之縫線。再車縫固定。

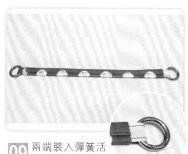

09 兩端裝入彈簧活動圈即完成。

● 針釦織帶提把製作

防水布裁布：長度同所用織帶之長度，寬度則以所用織帶寬先減 1cm，再乘 2 (2 為反折布量)。

例如：
提把為織帶寬 3cmX 長 66cm，那麼防水布裁布就是寬 (3-1)=2x2=4cmX66cm(邊緣才能呈現配色之不同)

01 取防水布 4cmx66cm，在中心位置先貼上 3mm 雙面膠帶，再將兩側往中心內折貼合。

02 再利用雙面膠帶將防水布與織帶重疊貼合固定。

0.2cm

02 沿防水布的布邊 0.2cm 車縫固定，下線可用與織帶同色，保持美觀。

04 以記號筆，由提把尾端 8cm 開始，每隔 2.5cm 做一間隔記號。

05 共做出 5 個企眼記號。

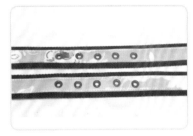

06 以丸斬打孔，並安裝企眼釦。織帶尾端則可以 3.2cmx3cm 的皮片包覆後，再以撞釘固定。

● 皮革織帶提把製作

01 依提把皮片紙型裁剪 2 片皮飾片以及 所需長度之織帶兩條。

02 將皮飾片背面找出中心點貼上雙面膠帶，再黏貼固定於織帶上。並將皮飾片車縫一圈。

03 將織帶對折，由中心點左右各 13cm 以珠針做出車縫起迄點記號，更換單邊壓布腳，車縫完成提把

● 一字拉鍊口袋製作

01 由中心點依所須拉鍊長度，往左右畫出拉鍊框及中間線位置，以剪刀剪開兩側三角型及中間線。並在框線外 0.4 cm 處黏上細雙面膠帶。

02 雙面膠黏貼處須避開車縫處，再將拉鍊框四周布外折與雙面膠黏合固定。

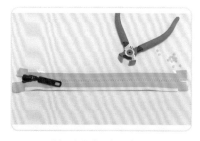

03 碼裝拉鍊拔除縫份之拉鍊齒，沿拉鍊布邊上下緣黏上細雙面膠帶，再裝上拉頭。

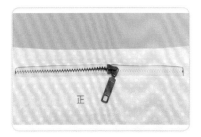

04 將拉鍊黏貼固定於拉鍊框框處。

05 取拉鍊內袋布於正面沿布邊上下緣，各黏貼一邊。

06 將拉鍊裡袋布正面朝下，一側蓋過拉鍊邊緣 0.5cm 黏合。翻正面準備車縫。(注意雙面膠避開車縫處)

07 由正面拉鍊下緣 0.2cm 車縫一直線，固定拉鍊裡袋布。

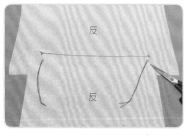

08 前後端不回針，將線頭拉到背面打死結固定。

09 以骨筆或手將拉鍊內袋布與拉鍊車合處壓過。

10 將拉鍊內袋布另一側再蓋過拉鍊布邊上緣 0.5cm 黏合如圖，避開車縫處。

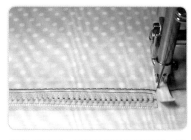

11 翻正面，車縫拉鍊外框ㄇ字型。車法同步驟 7~8。

12 接著車縫拉鍊內袋布左右兩側，完成一字拉鍊口袋。

● 拉鍊口布製作

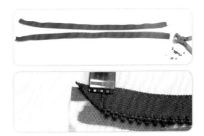

01 以迷你虎頭鉗，拔除碼裝拉鍊前後端各 1cm 之拉鍊齒。並先將拉鍊前端反摺，以夾子固定。

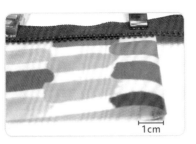

02 表裡布尾端皆往背面內摺 1cm，正面相對夾入拉鍊以強力夾固定。注意兩片拉鍊方向需相反。

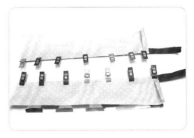

03 換上拉鍊壓布腳車縫 L 型，前後須回針，再剪去直角處多餘布邊。
注意：側邊車縫在完成線 1cm，拉鍊則車縫在距布邊 0.5cm 處。

04 翻回正面，直角處以工具協助翻回正面。

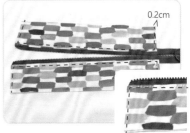

05 延著邊緣 0.2cm 壓線ㄇ字型，並再完成另一片拉鍊口布。

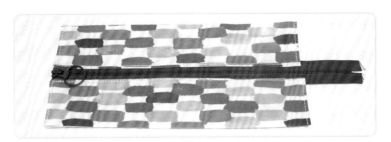

06 將兩片拉鍊口布對齊，裝上拉頭，尾端依喜好以固定卸釘上皮片或車縫製作拉鍊飾片。

星空約定
後背包 vs **肩腰包**

一款可拆的多用途後背包，結合流行單肩包元素，兼具機能性和時尚性。多層次的大容量內層加上亮面防水布，即使下完班，立刻出發去探險，也能盡情享受青春就該有的精神！

男女均適用～
出門好有型！

【後背包完成尺寸】
長 32cmX 高 38cmX 寬 14cm

【肩腰包完成尺寸】
長 26cmX 高 17cmX 寬 14cm

【肩腰包製作】 [裁布表] 數字尺寸已含縫份，紙型皆未含縫份，縫份未註明者 =0.7cm

部位名稱	尺寸 (cm)	數量	備註
表袋身			
前後袋身	紙型 A	2	
前口袋	紙型 A1	1	裁剪時可於兩側多出 0.3 公分順修 (圖 1)
袋蓋	紙型 B	雙 x1	配布
織帶連接飾片	紙型 C	4	
側袋身鍊貼	(1)38(橫)x3.5 cm (直)	2	橫布紋縫份左右各 1cm. 其餘 0.7
側袋底	(2)45(橫)x7cm (直)	1	橫布紋縫份左右各 1cm. 其餘 0.7
裡袋身			
前後袋身	紙型 A	2	
前口袋	紙型 A1	1	
側袋身鍊貼	(1)38(橫)x3.5cm(直)	2	橫布紋縫份左右各 1cm. 其餘 0.7
側袋底	(2)45(橫)x7cm (直)	1	橫布紋縫份左右各 1cm. 其餘 0.7

【其他材料】
1. 碼裝拉鍊 38cmx1
2. 拉鍊頭 1 或 2
3. 双撞磁釦 x2
4.1.3cmD 環 x2
5.2cmD 環 x2
6.3.8cm 塑膠插釦 x2 組
7.3.8cm 塑膠日型環 x1
8.3.8cm 織帶
　90cmx1 條、9cmx2 條

★ How to Make ★　製作前口袋

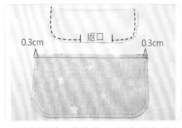

01 依紙型 B 裁袋蓋，正面相對車縫，需留一返口，弧度處剪牙口。前口袋 A1 則表裡相對後車縫一道。(兩側多 0.3cm 可使口袋車服貼)

02 將袋蓋翻至正面，用強力夾固定返口後，用面槌輕敲整理縫份。

03 袋蓋壓 U 型裝飾線，口袋布則由正面袋口壓兩道裝飾線，側邊做疏縫固定。

04 組合袋蓋與前袋身片，依紙型 A 前袋身上的袋蓋位置，將袋蓋車上去。

05 再將步驟 3 的口袋布疊上袋身，再由袋蓋做出磁釦位置，打洞並找出對應下的磁釦位置。

06 9cm 織帶對折穿入釦具，將尾端固定。再將紙型 C 的織帶連接飾片兩兩相對，車縫兩側。

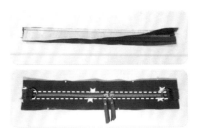

07 將織帶穿入飾片中，車縫固定後，再翻至正面車縫壓線。

08 將連接扣環片車縫於後袋身位置上。再製作兩個 1.3x4cm 的絆布套入 D 後車縫於後袋身記號處。（如不做組合包，不須加 D 環）

09 備 38x3.5cm 的側袋身鍊貼表裡布，兩兩相對夾車拉鍊。車好後翻正面壓線並裝上拉鍊頭，及車上兩側的 2cm D 環絆布。

組 合

10 備 45x7cm 的表裡側袋底，正面相對夾車鍊貼布。

11 翻至正面壓線，側袋身四周疏縫固定。

12 表後袋身與側袋身四個記號對齊固定後，接縫整圈，車縫時遇弧度處需剪牙口。

牙口

13 將側袋身往中心壓平，再放上車好內口袋的裡袋身片，以夾子先固定預備做翻光。

14 留返口車縫整圈，弧度剪牙口。再翻回正面。

15 接合前袋身片。

16 重複步驟13將側袋身往中間壓平，但因此時包有厚度，所以除了預留返口的地方外，其他三個記號可先做疏縫再車縫，弧度剪牙口。

17 由返口處將袋身翻回正面，以藏針縫固定返口。此包以翻光做法製作裡袋身。

18 取 90cm 織帶一端先車固定母插釦，若如要當腰包織帶長度不宜過長可依需要調整長度，另一端則穿入日型環後再套入公插釦具。

 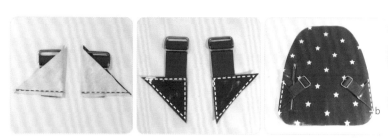

13 取 15cm 織帶對折後穿入日型環並固定，再將 13x13cm 連接片由對角剪開。

14 三角連接飾片對折夾車日型環織帶。再翻回正面壓線。
將後袋身片，先依個人需求製作拉鍊內袋，再依版型記號 b 點車上連接片。

15 後袋片上方取中心點後，左右各 2cm 處車上後背織帶 (外側提高 0.5~1cm)。

16 車上提把，取 2.5cm 寬的織帶或配色布，製作 23cm 長的提把固定於背帶上。

17 裁 2 片 130x2.5cm 斜布條製作出芽條，並沿前後袋身滾一圈。

  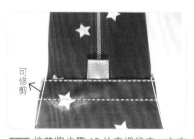

18 接合袋底 B，表裡布各自車合，縫份導開並壓固定線。

19 製作拉鍊口布，裁 58.5x6.5cm 袋口拉鍊布及裡布各 2 片，先夾車拉鍊並穿入拉鍊頭壓線，於頭尾再加上擋布。

20 接著將步驟 18 的表裡袋底，夾車拉鍊口布後翻回正面壓線，成為圈狀的側袋身片，並疏縫外圈。

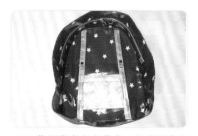  

21 將側袋身與表袋身，記號對齊車縫一圈。(弧線處可剪一字牙口)

22 接合表袋身及側袋身後，將側袋身往下壓。

23 再蓋上車縫好內袋的裡袋片，同樣點對點對齊，先固定 (翻光處理)。

24 袋底留返口，做車縫
結合，並於弧度處剪三
角牙口。(剪牙口目的為使縫份平順不
擠壓)

25 由返口將袋身翻回正面。

26 接著車縫另一片袋身。弧度處剪一
字牙口。

27 將袋身壓扁放上裡袋身，並於上下
中心點及兩邊記號 a 的四點，先車
縫一小段固定。

28 袋底留返口，沿邊車縫並於弧度
處剪三角牙口。(完成後將返口處
中心點固定線拆開)

29 由返口翻出袋身並藏針縫縫合返
口。

30 翻光處理之裡袋身完成。

31 翻至正面後背帶套入日型環並處
理尾端，後背包即完成。

組合完成

【 貼心小提示 】

1. 如覺得翻光不好車縫，亦可袋身表裡疏縫再與側袋身接合後，做包邊處理縫份。
   後背包背帶作法亦可參考羊咩咩可愛後背包，配合口環做不露尾之作法。
2. 因拉鍊尺寸不同，車縫後寬度若不同可稍順修不影響尺寸

帶著復古與文藝氣息的背包，揉合了仿皮紋的
布片和質感十足的帆布，立體側邊口袋的設計
多了幾分率性，創造出充滿有型的中性風格，
男孩背帥氣十足，女孩背也很有型。

愛上復刻精神的
斜背包

多分隔空間設計，
物品放置井然有序～

【完成尺寸】長 35cmＸ 高 27cmＸ 寬 16cm

[裁布表] 數字尺寸已含縫份，紙型皆未含縫份，縫份未註明者 =0.7cm

部位名稱	尺寸 (cm)	數量	備註
表袋身			
前袋身上片	紙型 A	1	
前袋身下片（前口袋）	紙型 B	2	口袋及前下片共版
後袋身	紙型 C	1	
後片口袋	紙型 C1	2	配布
側袋身	紙型 D	2	
袋蓋	紙型 E	2	配布
側邊口袋	紙型 F	雙 x2	配布
前口袋插袋	紙型 G	雙 x1	配布
前口袋側袋身	(1)59(橫)x3.2cm(直)	1	橫布紋縫份為左右各 1cm 其餘 0.7
袋蓋連接飾片	(2)35.5(橫)x5cm(直)	1	
裡袋身			
前袋身下片（前口袋）	紙型 B	1	
前後袋身	紙型 C	2	
側袋身	紙型 D	雙 x1	
前口袋側袋身	(1)59(橫)x3.2cm(直)	1	橫布紋縫份為左右各 1cm 其餘 0.7

【其他材料】
1.3.2 織帶 34cmx2、22cmx2
2.3.2 塑膠插扣具 x2
3.3.8 織帶 136cmx1(背帶用)、7cmx1(口型環用)

4.3.8 日型環 x1、口環 1
5. 碼裝拉鍊 44cmx1、拉鍊頭 1 或 2
6. 魔鬼氈 5cm 長 x1
7. 固定釦 x4

【備註】
此包所使用的深咖啡配布較薄，固兩片袋蓋有加襯增加挺度
後口袋布的裡布亦使用配布製作
製作時請依布的厚度自行斟酌表裡布的配置

★ How to Make ★ 製作前口袋

01 裁紙型 G 的筆插袋，正面相對車縫，留一返口。四個轉角縫份處剪斜角，翻正面做壓線，找出中心點位，畫出活摺線記號。

02 將兩個活摺先各壓一道線。

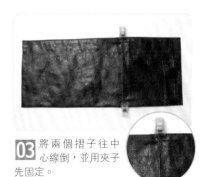

03 將兩個摺子往中心線倒，並用夾子先固定。

04 為了讓摺身平貼不翻翹，可翻至背面再壓車摺子固定線。完成活摺立體口袋。

05 將車好的口袋與袋身下片 B 由中心點對齊後再標出筆插的位置。（下為版型記號；上為車線位置）

06 將活摺稍打開壓車摺子中心線。

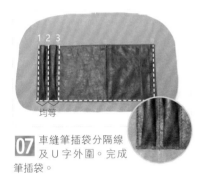

07 車縫筆插袋分隔線及 U 字外圍。完成筆插袋。

08 製作織帶扣，將 3.2x22cm 長的織帶穿入插釦中，尾端做 3cm 記號折車收尾。

09 依紙型 B 的袋身下片的織帶位置，車縫固定。

製作口袋布及側袋片

10 44cm 碼裝拉鍊先拔前後 1cm 的拉鍊齒，再與 3.2x59cm 的側袋身表裡布做接縫壓線及側邊疏縫。

11 將接好的側袋身片與口袋布 B 記號相對，車縫一圈接合。

12 側袋身倒向袋身，再疊上另一片裡布 B，點對點先用夾子固定，準備做翻光處理。

13 由表袋身做串縫接合，留一返口。弧度處剪三角牙口。（拉鍊處不剪牙口以防鬚邊）

14 藉由返口將袋身翻至正面，再沿袋身壓一圈裝飾線。（返口可用珠針或黏貼雙面膠固定，直接正面壓車）

15 另一面則取步驟 7 已車好筆插袋的表袋身與口袋側邊，記號相對先固定好。

16 沿袋身車縫一圈。完成前拉鍊口袋的組合。

17 接縫前拉鍊口袋的前袋身上片A，上片A與下片B固定對齊後，由A的止點記號處開始車縫固定。

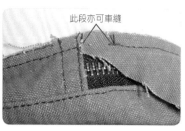

此段亦可車縫

18 接縫後，將縫份倒向上片，由正面做壓線固定。

19 完成前表袋身。

製作袋蓋

20 依紙型E裁出兩片袋蓋，並畫上織帶位置後，正面相對車U字，弧度處剪牙口，再翻回正面壓線。

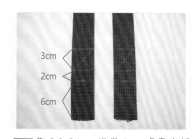

3cm
2cm
6cm

21 取 3.2x34cm 織帶 6cm 處畫出插釦位置。隔 2cm 再畫一個 3cm凶字裝飾記號線。

對齊

22 將母插釦穿入織帶記號處，織帶尾上折先用夾子固定，並用雙面膠帶由記號下方對齊袋蓋後黏貼於袋蓋上。

23 由織帶上方開始往下車，完成後上方疏縫固定。

製作袋身後片

24 依後口袋 C1 紙型裁下表裡布，表布中心先車上絆布，裡布則車上 5cm 長的魔鬼氈勾面。

25 表裡口袋布正面相對車縫袋口，再翻回正面壓線。

26 利用口袋布找出袋身後片 C 魔鬼氈相對應位置，車上魔鬼氈毛面。

27 口袋 C1 與袋身後片 C 疏縫固定。

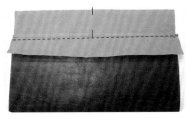

28 裁 35.5x5cm 的袋蓋連接飾片，並依後袋身紙型標示位置，將連接飾片做車縫。

29 將袋蓋中心點對齊於連接飾片上。再壓縫一道固定。

30 將連接飾片折出 2.5cm 寬，縫份往上壓折。

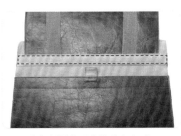

31 往上翻壓車固定後袋身完成。

32 取側邊口袋布 F 對折，車縫袋口並翻回正面壓線。

33 口袋做出摺子位置壓線，摺身倒向兩邊。(如要摺子服貼袋身，參考作法 4)

34 將側口袋依版型固定於側袋身 D。

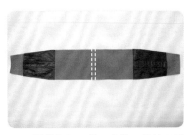

35 側袋身 D 正對正車縫，並於正面壓線做強化。

36 表袋身前後片與側袋身對齊後，接合完成。弧度處剪牙口。

37 翻回正面，完成表袋身。

38 取 136cm 的織帶先穿入日型環再穿入口環後，回到日型環中，並將織帶尾端折車固定。

39 將 7cm 織帶穿入口環中對折，做疏縫固定。

40 將織帶兩頭車縫固定於側袋身的中心位置。

製作裡袋身

41 將 C 袋身裡布與側袋身裡布做組合，裡袋身可依個人需求製作內部口袋，再與側袋身接合。

42 將表裡袋身的袋口縫份往內折，套入後對齊袋口，並用強力夾固定。

43 沿袋口車縫口一圈，固定，兩側邊可打上固定釦加強織帶強度。

44 帥氣的背包完成了。

【TIPS】

車縫織帶，在轉彎處壓腳後方會壓到塑膠釦具，導致壓腳高低不均，車縫不順，需使用壓腳輔助片來車縫，亦可將厚紙板對折出需要的厚度，以利車縫。

【TIPS】

為使裡袋身的口較挺不變型，裡袋身可採貼邊方式製作或裡布袋口可加襯加強硬度。

輕巧方便又實用的托特包，利用對比的色系再以織帶貫穿幣個袋身，強調出帆布的優質及耐看度。袋口的裝飾線和巧妙地利用釦環呈現的包覆性，都能替簡約的造型增加亮點。

【完成尺寸】長 31cmX 高 34cmX 寬 15cm

[裁布表] 數字尺寸已含縫份，紙型皆未含縫份，縫份未註明者 =0.7cm

部位名稱	尺寸 (cm)	數量	備註
表袋身			
前後袋身	紙型 A	雙 x1	
裡袋口貼邊布	紙型 A1	2	配色布
前口袋布	(1)18(橫)x37(直)	1	配色布
裡袋身			
前後裡袋身	紙型 A2	雙 x1	

【其他材料】
1.3.2cm 織帶 250 公分 x1

2.3.2cm 口環 x1
3. 雙撞磁釦 x1

4. 牛仔扣或扣子 x1
5.3mm 臘繩或圓鬆緊帶 x10 公分

★ How to Make ★ 製作表袋身

01 依紙型 A 裁出前表袋身，並將一字口袋位置標示出來，剪長約 10cm 的扣絆繩對折固定於口袋上方的中心點位置。

02 裁 18x37cm 的口袋布，上緣留 1.5cm 畫出 15x1cm 寬的長方形，再與袋身的口袋位置對齊車縫，取中心畫 Y 字剪牙口，並剪開中線。

03 將口袋布翻至背面，先壓車下方之裝飾線。

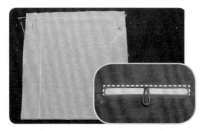

04 將口袋布往上摺，與袋口對齊後先夾好固定，再翻正面壓車袋口 ∏ 字裝飾線。

05 口袋底留 13cm 寬，由上方順修畫出完成線，縫份 0.7cm 車縫並修剪內口袋。(順修口袋是為後續壓車織帶時，不會壓到口袋布)

06 由正面對齊中心扣繩位置，釘上釦子。

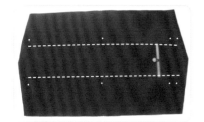

07 在表布上依紙型上的記號線，畫出織帶的起始點與兩側車縫位置。

08 250cm 織帶頭尾套入口環留約 3cm 縫份壓車固定。

09 依版型做出口環記號，上方先用珠針固定，再順著織帶記號找出袋底中心位置 (a)。

10 將織帶記號 a 點對折找出另一個袋底中心點,並將兩個中心點 a 先固定於袋底後,再分別固定兩側。

11 從口環上方織帶起始點開始先車縫 凵 字型。

12 將兩側織帶依起始點記號壓車於表袋身完成。

13 車縫袋底,將表袋身正面朝外對折,並做出 8 及 16cm 的袋底記號。

14 由兩側 8cm 記號處,將袋身往下摺先用夾子固定。

15 另一邊亦同,並將兩側做車縫。完成側袋身的車縫。

16 將縫份倒開,翻回正面摺車,使側邊呈現三角袋底。

17 完成表袋身。

製作裡袋身

18 紙型 A2 裁出裡袋身,並依個人需求製作內口袋。

19 備 A1 的裡袋口貼邊布與裡袋身布對齊,車縫結合後,由正面壓裝飾線。

20 裡袋身先對折畫出 8cm 底角位置並加上縫份。

21 剪去多餘縫份，將側邊先車縫（如要加水壺袋或側邊口袋先車）後，再車底角。

22 接縫加了側邊口袋及水壺袋的側身片後，再將袋底車合。完成裡袋身。

23 因表布及配色布都使用水洗石蠟帆布，可先將側邊縫份先修剪，才不會太厚。

24 將表袋套入裡袋內，正面相對，沿袋口車縫一圈，返口可留在後袋口的直線位置。

25 翻回正面，整理袋口及返口，可將貼邊布超出表布 0.1~0.2cm 讓袋口呈現出芽的層次感，再沿袋口壓車一圈固定裝飾線。

2.5cm

26 於袋口下 2.5cm 處再壓一道裝飾線，此道線需壓過織帶並回車加強牢度。

27 可在兩道線中間，再平均壓二道裝飾線，並找出中心點，釘上磁釦。

28 此包釦法是將袋口往中心摺，因此面釦都朝向前袋身（亦可改為正常釦法）

29 扣起來的袋口。

30 可以直接下班去渡假的包完成了。

【車縫小技巧】
當壓腳碰到口環高低落差大時會有車不動或跳針等情形 . 此時可用壓腳輔助片使車縫更順暢。

帥氣水洗石蠟
後背包

挺拔的帆布猶如在城市裡堅韌的生活步調，在袋蓋上俐落的皮帶設計，讓簡單的包款在樸實中仍保有個人的特色。搭配拎著就可以走的手把，以及可調整長度的肩背帶，正是現代最有品味的後背包。

【完成尺寸】長 31cmX 高 34cmX 寬 15cm

[裁布表] 數字尺寸已含縫份，紙型皆未含縫份，縫份未註明者 =0.7cm

部位名稱	尺寸 (cm)	數量	備註
表袋身			
前後袋身	紙型 A	2	
側袋身	紙型 B	2	前後袋身因弧度不同，有左右方向之分
側身口袋	紙型 B1	2	配布 (裁剪時需配合側袋身有左右方向性)
袋蓋	紙型 C	2	配布 (已含縫份)
袋蓋滾邊布	(1)90x4.5cm 斜布紋	1	
袋蓋連接飾布	(2)31(橫)x5cm(直)	1	
側口袋貼邊飾布	(3)16(橫)x5cm(直)	2	
袋底加強片	(4)34(橫)x6cm(直)	1	可自行決定是否須加強袋底
背帶連接飾片	(5)13x13cm	1	配布 (斜角對裁)
出芽	(7)83(橫)x2.5cm(直)	2	配布
裡袋身			
前後袋身	紙型 A	2	
側袋身	紙型 B	2	前後袋身因弧度不同，有左右方向之分
前拉鍊內袋	(6)23(橫)x40cm(直)	1	

【其他材料】
1. 皮革條 40x2cmx1 條、皮革條 12x2cmx1 條
2. 2cm 皮帶扣＋口環各 1
3. 單面撞釘磁釦 x1
4. 提把 25cm(可用 2 ～ 2.5cm 織帶、皮革條或表配布製作)
5. 3.8 織帶 90cmx2(背帶)、14cmx2(固定日型環)
6. 3.8 日型環 x2
7. 3.8cm 金屬織帶尾夾 x2
8. 20cm 定吋拉鍊 x1
9. 塑型用織帶寬 1.5x15cmx2、同尺寸問號勾 x1、D 環 x1
10. 出芽用 3mm 塑膠管 83cmx2

★ How to Make ★　製作外袋身

01 製作袋蓋，依紙型 C 裁兩片後，背面相對疏縫一圈。(若不作滾邊，請自行加縫份車縫)

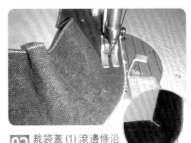

02 裁袋蓋 (1) 滾邊條沿著布邊車縫 0.9cm，轉角弧度處車縫時不可拉扯，要稍微吃針，但不可有小摺子，弧度滾邊才會順。

03 完成第一道滾邊，再翻至背面轉角弧度處呈現波浪狀為正常。

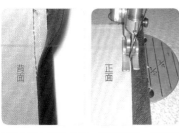

04 將布邊往內折，要超過第一道車縫線約 2mm 再翻回正面沿著斜滾邊壓線。

05 完成袋蓋滾邊。

06 取 40cm 的皮革條，先修剪尾端成圓弧狀，再依紙型位置將皮革的固定裝飾的四個點做上記號。

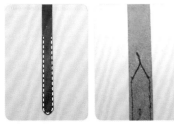

07 於記號點下沿邊車縫裝飾線，起始處不需回針，留 10cm 的線尾，於背面打結並用白膠固定。

08 接著可先用紙膠帶或雙面膠先將皮革條固定於蓋片上，再做壓縫，記號位置要特別加強。

09 製作皮釦，12cm 皮片中間打 1cm 的洞，穿入皮帶釦及口環，接著對折由中間處往下 2cm 處壓線固定，再打上撞釘磁釦固定。

10 將袋蓋的皮片於長方型的加強處往下 2.5cm 先打洞，套上皮釦，再每間隔 3cm 再打 2 個釦洞。

11 在袋蓋上車上背帶及提把，背帶外側可提高 0.5cm。

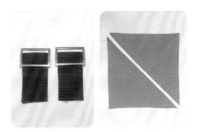

12 製作背帶連接片，14cm 織帶套入日型環，再對折車縫固定。13cm 的連接布片由對角線裁開。

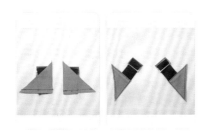

13 對裁線再對摺夾入日型環織帶，車縫固定後，翻回正面做壓線裝飾。

14 依紙型標示位置，將連接片車縫固於後袋身片上。

15 製作袋蓋連接片，將 31x5cm 長的布片往中間折成約寬 2.5cm，再依後袋身的標示位置，先壓縫下方的固定線。

16 接著將袋蓋片對齊中心點後，置於連接片下，重疊 1.5cm 並壓線固定。

17 依紙型 A 裁前袋身片，並製作一字拉鍊口袋。

18 前後片袋身袋底做接縫，縫份攤開。再將 6x34cm 袋底加強片四邊縫份內折 1.5cm。再置中壓縫於袋底做加強。

19 製作側口袋，5x16cm 的側口袋貼邊飾布和依紙型 B1 裁下的側身口袋布做接縫。需注意左右的方向，並修剪多餘的縫份。

20 翻至正面如圖，B1 袋口布約留 3mm 布邊做類出芽，再將貼邊飾布布邊往內折成約 3cm 後壓裝飾線。

21 將完成好的左右邊側口袋，疏縫固定於側袋身。

22 車上出芽滾邊，由側邊袋口下 3cm 處開始。

23 組合表袋身，將前後袋身片及側袋身片，依記號對準後車縫固定。（注意側袋身有方向性）

24 裡袋身依個人需求製作內袋，再和裡側袋身片做接縫。

組合內外袋身

25 取 2 條 15cm 塑型用織帶各自車上問號鉤與 D 型環，再分別固定於袋口中心位置。

26 表裡袋身正面相對套入，於前袋身留返口，沿袋口車縫一圈。

27 放下袋蓋找出下磁釦位置並安裝。

28 裝好磁釦後，沿袋口壓一道固定線，再往下 2cm 處再壓第二道。

29 第二道的壓線要壓過袋蓋，背帶加強回車固定。

30 完成組合囉！

【貼心小提示】

1. 皮帶釦中間的小洞寬為皮帶針再加鬆份。若無皮帶斬，可用打洞器先打洞，再用美工刀在將中間割出 1cm 小洞）
2. 作法 25 塑型織袋用意為，袋口不因袋蓋擠壓而露於袋蓋外，長度請自行調整。

時尚方型～♥

換個顏色也很帥氣～

都會風
時尚幾何包

對比設計，跳脫包款的柔和甜美意象，更能顯現簡約時尚的風格，以柔軟的防水布加上大面積的立體圖案所排列組合，呈現即成熟又帶點俏皮的視覺焦點！

【完成尺寸】長 36mX 高 24cmX 寬 15cm

[裁布表]數字尺寸已含縫份，紙型皆未含縫份，縫份未註明者 =0.7cm

部位名稱	尺寸 (cm)	數量	備註
表袋身			
前後袋身	紙型 A	2	
側袋底	紙型 B1	1	配布
側袋身上片	紙型 B2	2	配布
前口袋布	紙型 C	1	
前口袋袋蓋	紙型 D	1	配布
前口袋側邊布	(1)57.5(橫)x4.5cm(直)	1	配布
裡袋身			
前後袋身	紙型 A	2	
側袋身	紙型 B		
前口袋布	紙型 C	1	
前口袋袋蓋	紙型 D	1	
前口袋側邊布	(1)4.5x57.5cm	1	
後拉鍊內袋布	(2)23(橫)x37cm(直)	1	

【其他材料】
1.碼裝拉鍊 40cmx1
2.拉鍊頭 x1 或 2

3.20cm 定吋拉鍊 x1
4.扭鎖 x1
5.皮提把一對

6.2.5cmD 環固定扣式皮片 x2
7.斜背帶

★ How to Make ★ 製作前口袋

01 依紙型 D 裁前袋蓋表、裡布，正面相對車縫一圈，需留一返口，弧度處需剪牙口。

02 翻至正面先整型，沿 U 型壓線，再裝上扭鎖。(返口處可先用雙面膠帶黏貼固定。)

03 裁紙型 C 表裡前口袋布各一，和57.5x4.5cm 的前口袋側邊布，表裡各自接合。

04 弧度處需剪牙口，再將縫分倒向側邊，由正面壓裝飾線。

05 接著將表裡口袋布正面相對，將返口留在袋口處車縫接合。轉角及弧度處剪牙口。

06 翻至正面可用強力夾固定整型。

07 利用袋蓋的扭鎖框，在前口袋表布上標示出相對應位置，裝上扭鎖並沿袋口 0.3 與 2.5cm 壓一圈裝飾線。
（因使用的扭鎖各不同，版型上扭鎖位置僅供參考）

中心點

08 依紙型 A 裁袋身前片，並依前口袋位置畫出記號線。

口袋位置

09 將前口袋放置於袋身前片口袋位置，袋口及中心點對齊，轉角弧度處做出車縫對應記號。

10 車縫至弧度處記號相對，要略為吃針，但不要有皺摺。

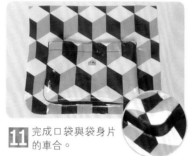

中心點

11 完成口袋與袋身片的車合。

12 車上袋蓋，中心點對齊後，將袋蓋左右兩邊貼齊口袋布壓車兩道線。

組合外袋身

13 前立體口袋完成。

14 後袋身表布，依紙型位置製作一字拉鍊。

B2　B1　B2

15 依紙型側袋底 B1 及側袋底上片 B2 各自裁下後接成一長條。

16 將縫份倒向中心，再由正面壓線，可依個人需求裝上腳釘。

牙口

17 結合前袋身及側邊片，弧度處剪牙口。縫份倒向側邊再由正面壓線。

18 接著再組合後袋身片，並由正面壓裝飾，完成外袋身組合。接合後袋身並壓線。

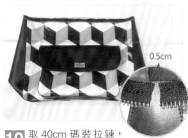

19 取 40cm 碼裝拉鍊，中心點對齊後，車縫於袋口。(如不是雙向拉鍊需注意拉鍊齒方向)

20 由尾端裝入拉鍊頭，可先拔掉兩顆拉鍊齒，會比較好裝。

21 套入拉鍊頭後，可試拉一下是否有車縫平整，沒問題即可先將拉鍊頭先拆下。

組合內外袋身

22 製作內袋身，裡袋身可依個人喜好車上內口袋，再與側袋身袋底片做接縫。

23 將外袋身與裡袋身正面相對套入，留返口沿袋口車縫一圈。

24 將袋身翻至正面並整型，返口處可用珠針先固定。

25 沿袋口壓線一圈固定後，裝上拉鍊頭，再取中心點往下 6cm 左右各 7.5cm 抓出提把中心位置後，釘上提把。

26 將袋口兩側邊壓平如打底角，取 D 環皮片做上記號後，釘上固定釦。

27 即可裝斜背帶，完成手提肩背兩用包。

快樂生活商旅包

夢想的國度，不是在地圖上插旗，而是握在
手上的包，能激起在繁忙的工作之餘，還能
保有一場城市冒險的心。以象徵性的圖騰製
作高機動性又不失品味的商旅包，在星期五
的下班，夢想開始飛越。

跟著地圖去旅行吧～

【完成尺寸】長 42cmX 高 30cmX 寬 20cm

[裁布表] 數字尺寸已含縫份，紙型皆未含縫份，縫份未註明者 =0.7cm

部位名稱	尺寸 (cm)	數量	備註
表袋身			
前後袋身	紙型 A	2	
袋底	紙型 B	1	配色布
側袋身錬貼布	紙型 C	2	
下側袋身	紙型 D	2	
裡袋身			
前後袋身	紙型 A	2	亦可 A+B 合版 (作法 1)
袋底	紙型 B	1	
側袋身錬貼布	紙型 C	2	
下側袋身	紙型 D	2	
後拉錬口袋布	(1)23x42(直)cm	1	
側袋拉錬內袋布	(2)18x28(直)cm	1	
斜滾邊條	(4)225x4cm(斜布紋)	1	亦可使用人字帶
配色布			
拉錬窗框	紙型 E	1	周邊縫份留 1.5cm
邊角飾片	紙型 F	4	左右各 2 片
出芽布	(3)22.5x2.5(直)cm	1	
2cmD 環絆布	(5)5.5x7(直)cm	2	可用現成 2cm 織帶

【其他材料】
1. 碼裝拉錬：
60cmx1、23cmx1、18cmx1

2. 拉錬頭 x4 個
3. 提把：42cmx1 對
4. 斜背帶：1 條

5.2cmD 環 x2
6. 腳釘 x5

★ How to Make ★ 製作表袋身

01 此包的袋身 A 與袋底 B 的表裡布，都是共用同紙型。裡袋身裁剪時可以先行合版成為二片式裡袋身片。

02 取一片袋身 A 依版型於反面畫出拉錬窗框位置。裁剪拉錬窗框 E 的配色布，並畫出拉錬位置。

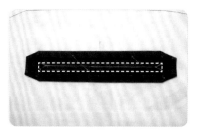

03 拉錬窗框布周邊縫份依完成線折向反面，以雙面膠帶固定於表袋身上，再車縫方框固定。四個角都要回針縫。

04 由兩側 1cm 處做出 Y 字記號，並裁剪剪開，不可剪到線。

05 拉鍊窗框翻至正面整型，將袋身布往外側稍拉平整，再於拉鍊窗框外圍壓縫裝飾線。

06 拉鍊口袋布 23x42cm，兩側正面先和拉鍊反面車 0.1~0.2cm 固定。

袋布背面

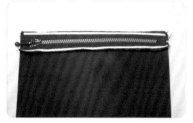

07 拉鍊布邊貼上雙面膠帶。

08 平整黏貼於窗框中。再將內袋布往上擺，再壓縫下拉鍊框。(頭尾需回針縫)

09 將口袋布朝下放，拉鍊上方壓ㄇ字型，並將內口袋兩側車縫固定。

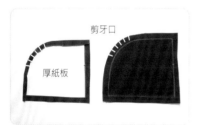

剪牙口

厚紙板

10 取邊角飾片 F 將弧度處剪牙口，並往縫份內折。共 4 片。(可用厚紙板型輔助摺邊)

11 分別將邊角飾片固定到袋身表布的兩側位置上，並壓車兩道裝飾線。

12 袋底 B 依版型記號點，將腳釘固定好。

13 袋底可自行增加有挺度的副料，如製作皮包的皮糠、紙板、燙襯等。

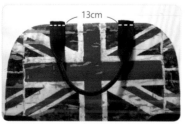

13cm

14 車縫提把，袋身取中心點後，兩側各留 6.5cm (共 13cm 處)縫上提把。

15 將袋底與袋身做接合。

想念的季節
波士頓包

清新亮麗的色彩，一如四季的顏色，
讓人提著提著心情就會變好。經典
的圓桶造型，容易變化大小比例，在
每個季節裡都能享受到自己喜歡的空
間。活動式的提把設計，可背、可提，
立即轉換心情。

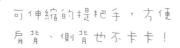
可伸縮的提把手，方便
肩背、側背也不卡卡！

【完成尺寸】
長 26cmX 高 17cmX 寬 14cm

19 將提把下飾片兩端固定，並修剪多餘的部分。

20 先用強力夾依記號固定側袋身與表袋身。

2cm 2cm
不車

21 側身中心兩側 2cm 處（共 4cm 先不車）為車縫起始點，將側袋身車合。

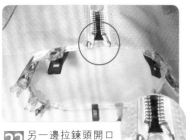

22 另一邊拉鍊頭開口處可先手縫固定以利車縫（如碼裝拉鍊有後止亦可兩頭都裝後止），再做車合。

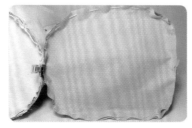

23 組合裡袋身的側邊。可先用夾子固定後，再以手縫疏縫固定。

24 像表布一樣，由中心兩側各預留 2cm（共 4cm 不車）將裡袋車縫一圈。

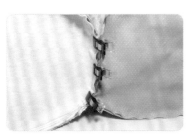

25 將表、裡開口處先用夾子固定。

26 由表側袋身，車壓表裡的開口處。

27 完成表裡袋身的組合，再由裡袋身預留袋底的返口處將袋身翻回正面。返口藏針縫縫合。

28 依個人側背斜背需求安裝側身 D 環皮片組。

29 完成可提、可背的波士頓包

【小心機】
使用鍊條側背或斜背時可將提把口環往兩側推，呈現不同感覺，這就是為何提把下飾片不將提把固定死的原因哦！

優雅花園
反摺包

帶著包，勾織著一個人在城市裡的生活記事，時而優雅，時而休閒，無法轉換的地方就以一個美好的方式來改變吧！有著托特包大容量的休閒感，卻在袋口做了一個反摺設計，私藏著秘密的口袋，令人期待著。

07 翻正面壓線固定，裝上拉鍊頭並將拉鍊多餘齒拔掉。

08 內裡袋布下4cm處，修剪口袋後車縫，並將兩側車縫，固定於表袋身上。

09 因拉鍊尺寸不同，可拿袋身A紙型再對版，修剪多餘內袋布及拉鍊布。

10 製作出芽條並固定於前後的表袋身。

11 依紙型B裁出側袋身的表布，再與前後袋身表布做結合。

12 翻回正面。

13 紙型C裁反折片的表裡布，再正對正車縫兩邊。

14 將側邊縫份倒開，表布正面壓裝飾線，表裡正對正車縫下擺一圈。

15 翻至正面，如不可熨燙裁質，可利用面槌輕敲整理縫份。

16 下擺壓車裝飾線，上方表裡疏縫固定。

17 將袋身與反折片對齊中心四個點，車縫接合整圈。

18 袋身中心各自往兩邊7cm處，放上43cm提把織帶固定

19 製作口布拉鍊。(請參考 P10)

20 將口布拉鍊與袋子對齊中心點，車縫。

21 表袋身車縫完成。

製作裡袋身

22 內袋依個人使用習慣及需求製作，可利用剩下小塊的圖案布來製作口袋，不浪費又有整體性。

23 亦可製作立體口袋，並將裡袋身與側袋身接合。

組合內外袋

24 將表裡袋身，正對正套合對齊袋口後，留返口車縫一圈。

25 將反折片與口布往上提，返口處用珠針或雙面膠固定。

26 由正面壓車袋口一圈，壓車袋口時，返口亦固定完成。

27 口布穿入拉鍊頭，拉鍊尾利用表布、配布或皮片收尾，完成。

羊咩咩
可愛後背包

用可愛的卡通圖案製成保留著俏皮的氛圍，即使是小包，卻以打摺的方式擴大容量，而多層次的前袋口還是不馬虎的選用跳色處理，顯明的色彩就想自己動手做一個有童趣的後背包！

貼式口袋收納
小物好方便～

【完成尺寸】長 26cmX 高 26cmX 寬 14cm

[裁布表] 數字尺寸已含縫份，紙型皆未含縫份，縫份未註明者 =0.7cm

部位名稱	尺寸 (cm)	數量	備註
表袋身			
前後袋身	紙型 A	2	
前口袋	紙型 B	2	表布 x1　配布 x1
袋口鍊貼布	(1)36(橫)x3.7cm(直)	4	配布 (亦可配 2 裡 2)　橫含左右縫份各 1 公分
裡袋身			
前後袋身	依紙型 A	2	
前口袋	紙型 B	2	因裡布亦會露出固需配色

【 其他材料 】
1. 碼裝拉鍊 36cm×1
2. 拉鍊頭 ×2
3. 2.5cm 織帶 70cm×2 條、15cm×2、20cm×1
4. 2.5cm 日環 ×2
5. 2.5 口環 ×2
6. 皮扣組 ×1

★ How to Make ★ 製作雙層貼式口袋

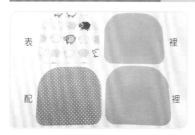

01 依前口袋各裁 1 片表布、配色布及 2 片裡布。

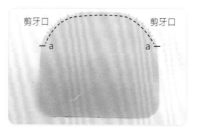

02 取表布與 1 片裡布正面相對，由反折記號點 a 始車縫至另一側點 a，弧度處剪牙口。

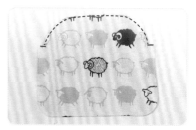

03 兩邊 a 記號點剪一字牙口 (不要剪到線)，再翻回正面。裡布朝上並沿圓弧處壓裝飾線，袋底對齊做疏縫。

04 將車好的前口袋布與另一片配色布正面相對，從記號 a 點車縫 U 字型固定。

05 將前袋口由折點 a 的部分，往內摺，如圖所示。

06 接著再將另一片裡口袋布正面對齊配色布後，車縫一圈需在袋底留返口，弧度處剪牙口。

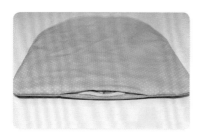

07 先將裡袋身翻出，返口則可先用布用雙面膠先貼合。

08 再翻回正面，沿配布的袋口壓線。

09 袋口往下折可縫上書包釦組，或自行用 7~8cm 皮條製作皮扣組。完成前口袋。

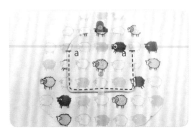

10 備袋身表布 A，並依紙型所標示的前口袋位置，先行固定後由反摺點 a 往下車縫固定。

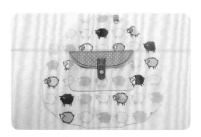

11 雙層貼式口袋完成，可依個人需求加個小 D 環。

製作後背帶

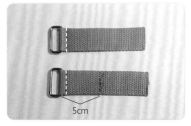

12 取 2 條 15cm 的織帶套入口環後，摺 5cm 車縫固定。

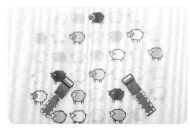

13 後袋身表布，依紙型標示織帶位置，將記號點畫成 T 字記號後，將織帶車縫固定。

14 袋口取中心點，將 2 條 70cm 背帶外側凸出袋口 0.7cm 車縫固定後，再車上 20cm 提把，其中間 10cm 可對摺車握把。

15 接著將背帶先穿過日環再由上而穿過步驟 13 的口環。

16 再次穿過日環，並將帶尾摺邊車縫固定即可。

17 完成兩條後背帶的組合，即完成後背袋身。

18 依紙型所標，將前片袋身片袋底活褶由中心依記號倒向側邊，車縫時，要注意褶子布邊要平，這樣車完後，弧度自然會好看。

19 組合前後袋身，正面相對將褶子對齊車縫接合，檢查褶子是否有對齊，車好後先不翻回正面。

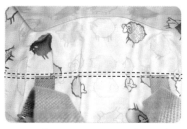

20 再將縫份倒開，壓線固定。完成前後袋身車合。

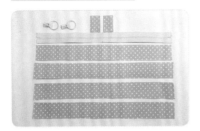

21 裁 38x3.5cm 的拉鍊口布 4 片、36cm 的碼裝拉鍊、拉鍊頭及織帶檔布。

22 將拉鍊二側口布正面相對夾車拉鍊後,翻回正面壓線,裝上拉鍊頭車上擋布。修剪口布的寬度約7.5cm,再取中心點。

23 將口布與袋身側邊做上轉角記號對合,可先疏縫固定後車縫,並在兩側的轉角處剪一牙口。(不可剪到車縫線)

24 將口布與袋身中心位置先對齊後,沿邊用強力夾夾住,轉角縫份可先手縫二針固定。

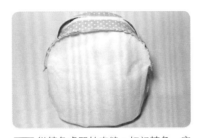

25 從轉角處開始車縫,切記轉角一定要車好不可有洞,再沿邊將拉鍊口布組合完成。

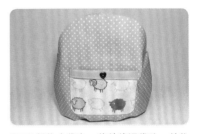

26 製作內袋身,裁前後裡袋片,並依個人需求製作內口袋。

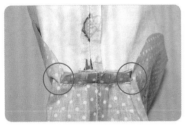

27 將內袋身與拉鍊口布車合,由兩側轉角處車好後,同樣要剪牙口。

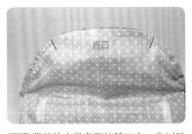

28 將前後內袋身與拉鍊口布,先以珠針固定,再做車合,記得要留一返口。

29 袋口弧度處要剪牙口,返口可先用雙面膠帶貼合。

30 藉由返口將袋身翻回正面,縫合返口並於口布四周壓線。完成可愛的後背包。

曲線糖衣
後背包

俏皮可愛的造型，讓人有種回歸原點追求簡
單的心情，以強烈的色彩營造出美式的快
樂，拉低袋蓋造型，有著活力十足的運動精
神，讓每日早晨出發到領著月亮回家的平凡
日子，也能瞥見甜甜滋味。

拉鍊側口袋好實用～

【完成尺寸】長 30cmX 高 36cmX 寬 15cm

[裁布表] 數字尺寸已含縫份，紙型皆未含縫份，縫份未註明者 =0.7cm

部位名稱	尺寸 (cm)	數量	備註
表袋身			
前袋身	紙型 A	1	圖案布
前側袋身	紙型 B	2	配布
袋蓋	紙型 C	1	配布
袋底	紙型 D	1	配布
後袋身	紙型 E	1	配布
背帶連接飾片 - 上	(1)25(橫)x5cm(直)	1	配布
背帶連接飾片 - 下	(2)13x13cm	1	配布 (斜角對裁)
裡袋身			
前袋身	紙型 A	1	
前側袋身	紙型 B	2	
袋蓋	紙型 C	1	
袋底	紙型 D	1	
後袋身	紙型 E	1	
前拉錬口袋布	紙型 A1	2	參考做法 1

【其他材料】
1.碼裝拉鍊 41cmx1、20cmx2

2.拉鍊頭 x2+2
3.3.8 厚織帶 90cmx2、8cmx2

4.日型環 x2
5.提把 2.5 織帶 23cmx1

★ How to Make ★ 製作拉鍊前口袋

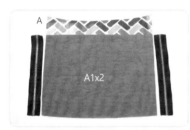

01 依紙型 A1 裁前口袋布上方不加縫份兩片，再裁紙型 A 袋身表布與 20cm 的碼裝拉鍊。

02 將拉鍊布邊對齊袋身表布，先在拉鍊邊做出 0.7cm 的記號點為完成線，並向外側再留 0.7cm 的縫份記號。如圖。

03 由紙型前拉鍊位置 a 開始做出拉鍊縫份線。兩側邊都要。

04 將拉鍊布邊對齊縫份線，由記號 a 點車縫 0.7 直線，並將 a 點以上多餘的拉鍊齒拔除。

05 放上 A1 口袋布 1 與表布正面相對，再由表布背面沿著車縫拉鍊的直線再車縫一道。

06 由車縫線往外 0.7cm 及 a 記號往下 1cm 劃出縫份位置。

31 紙型 E 裁後袋身表布，再將連接片放置於袋底往上 1cm 處壓車固定。

32 連接飾片往內折成 2.5cm 長條，置於背帶連結飾片位置上，先車一道固定。再將背帶置於中心點兩側，如圖所示。

33 將背帶上連接飾片往上翻，壓線固定，可車縫兩次做加強。

組合袋身

34 將前後袋身正對正，依記號固定。側袋身與袋底處接合轉角處需剪一刀約 0.6cm 的牙口。

35 車縫至轉角時，牙口處記得要回針。將針插在轉角點後抬起壓腳，將布轉垂直再回針後，繼續車合。

36 後裡袋身依個人需求製作內口袋與車上自己的布標或皮標。

37 如圖將前袋身往中心折壓準備做第二次翻光處理。

38 將後袋身裡布與後袋身表布，記號對記號固定。

39 袋底留返口，車縫一圈，弧度處剪牙口。轉角處修剪斜角。

40 由返口翻出至裡袋身朝外。

41 將返口藏針縫固定後，翻回正面。即完成。

下了班，偶爾想要放鬆一下，一個人也好，好友聚聚也好，就是
想悠閒的好好享受生活。一個融合了經典復古與現代時尚的兩種
元素，不僅搶眼，在變化褶法下，也有了不同的風貌。

【完成尺寸】長 24cmX 高 17cmX 寬 9cm

18 由返口翻至正面，整平袋身，由返口裝上磁釦，再將袋車壓一圈裝飾線。(袋蓋不車)

19 袋蓋壓車 2cm 固定線。

2cm

20 側邊打上雞眼釦裝上鍊條，即完成。

👑 進化版

一個小包，手提、肩背，側包都可隨身變啊～

也可利用問號鉤五金自製短提把，變身手提小包。

手提把加上鍊條與龍蝦鉤，可以延長背帶

水玉
雙拉鍊三用包

小巧的多層次造型設計，讓每個女孩都
需要一個輕便俐落又實用的手拿小包，
手捥拎著能直擊激發直覺的率性美，改
成斜背、側背也能優雅且自信散發時尚
性，享有自在的個性風格。

【完成尺寸】長 26cmX 高 12cmX 寬 5cm

18 和前拉鍊袋身一樣，處理返口及壓線。

19 取裡袋身 4 再與側袋身接縫固定。完成後袋身。(參考作法 10)

20 接著將前後拉鍊袋身，正面相對，先在兩側記號 b 點處假縫約 2cm 做固定。

21 因袋身有厚度為了較好車縫及位置正確性，先翻至正面查看 b 記號點是否有對齊。

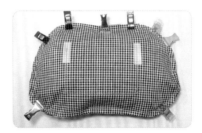

22 前後拉鍊袋身將做翻光處理，袋底中心處亦先假縫，其他位置則可用強力夾固定即可。

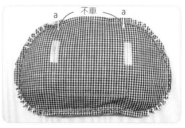

23 由記號 a 處開始往外側車，車縫至袋底弧度處要將擠壓的袋身往內推，以避免車好後有小皺摺，完成後，弧度處需剪牙口。

24 由返口慢慢將袋身翻回正面，返口可先用雙面膠帶黏貼固定。

25 將前拉鍊裡袋身在上，再由記號 a 至 a 車縫返口。

26 返口車縫固定完成，裝上斜背帶或側背帶，就是可愛的雙拉鍊包囉。

可愛又優雅～ ✿

76

心情也紛飛
單肩包

像是揮灑春天柔和又明亮的色彩，在簡潔
俐落的包款中，彷彿看見繽紛的花朵在旋
轉，短背優雅，斜背率性，即使換了帆布
製作，也能用一種輕快，愉悅的腳步，讓
心情也紛飛。

【完成尺寸】長 30cmX 高 24cmX 寬 11cm

19 製作側口袋的袋蓋，依側口袋袋蓋 E 裁表裡布，正對正留返口車縫 U 字型，弧型處剪牙口。

20 袋蓋翻回正面，沿邊壓裝飾線，並將依記號，連同側口袋一起裝上磁釦。

21 袋蓋依版型位置壓車於側袋身上片 B2。

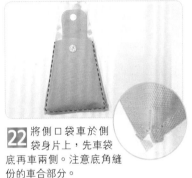

22 將側口袋車於側袋身片上，先車袋底再車兩側。注意底角縫份的車合部分。

24 加強袋底的承重度，可由袋底中心往兩旁各 7.5cm 處再用配色布或皮片或織帶車上約 2.5cm 寬做加強。(亦可不加)。

23 完成兩側口袋的製作。

組合袋身

25 接合側袋身 B2 及袋底 B1。將縫份倒向袋底，再由正面做壓線處理。

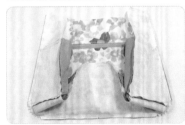

26 後袋身 A 表布先依拉鍊位置，製作一個 20cm 的一字拉鍊口袋，再與側袋身接合弧度處剪 V 字牙口。

27 再接合前袋身，完成表袋身的接合。

製作裡袋身

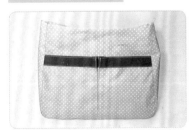

28 依紙型 A、B 裁出袋身的前後片與側身袋底，再依個人需求製作口袋，並將裡袋組合。

29 製作拉鍊口布，裁 25x3.5cm 的拉鍊口布，兩兩相對夾車拉鍊，再翻正面壓固定線。

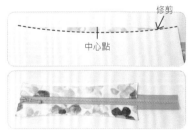

30 此袋口有弧度，所以口布需拿紙型校正做修剪，並做疏縫。

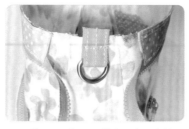

31 將前後表袋身與口布中心點對齊，正對正車縫接合。

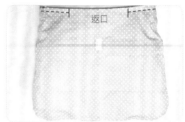

32 將 2cm 的 D 環絆片，先固定於二側的袋身側片中心位置。

組合表裡袋

33 將表袋身套入裡袋身內，袋口對齊後，留返口車縫一圈。

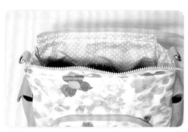

34 由預留返口，將袋子翻回正面，返口可用 3mm 的雙面膠帶黏貼固定。將口布往上擺並由正面壓線。

35 袋口壓線完成 (此次作法為口布不壓線) 並處裡拉錬尾，鉤上背帶即可。

素色帆布也簡約率性～

81

輕旅行
機能後背包

想和山來場對話，想和海做個約定，想喚醒那個顆嚮往戶
外的心。於是用一種在城市旅人的概念所製造的包款，擁
有了肩背、手提的靈活性，讓包包擁有絕佳的展現度！

【完成尺寸】寬 30cmX 高 37cmX 底 12cm

部位名稱	尺寸 (cm)	數量	備註
表袋身			
前袋身 (上)	依紙型 D1	1	
前 U 形口袋 (中)	依紙型 B	1	
前 U 形口袋裡布	依紙型 C	1	尼龍布
前 U 形口袋襯底布	(1) 寬 28x 高 13cm	1	
前拉鍊口袋 (下)	(2) 寬 40x 高 12cm	1	
前拉鍊口袋裡布	(2) 寬 40x 高 12cm	1	尼龍布
前拉鍊口袋襯底布	(3) 寬 40x 高 13.5cm	1	尼龍布
後袋身	依紙型 D	1	
袋底	依紙型 E	1	
拉鍊檔布	(4) 寬 4x 高 3.5cm	1	已含縫份
出芽繩布	(5) 寬 83x 高 3cm	1	橫紋布 / 已含縫份 3cm
裡袋身			
前後袋身	依紙型 D2	2	
前後袋身貼邊	依紙型 A	2	
袋底	依紙型 E	1	
前後開放式口袋	(6) 寬 40x 高 30cm	2	內袋尺寸供參考 , 可依個別須求另行設計
保溫瓶袋	(7) 寬 23x 高 22cm	1	
提把 / 背帶			
3.8cm 寬織帶	90cm	2	
勾環固定皮片	3.8cmx12cm	4	
龍蝦鉤	3.2cm	2	
龍蝦鉤	3.8cm	2	後背帶材料
雙包撞釘	8mmx10mm	16 組	
圓形彈簧圈	2.5cm 內徑	1	
日環	3.8cm	2	
3.8cm 寬織帶 (或皮片)	45cm	2	手提肩背帶

【其他材料】
1.14mm 彩色撞釘磁釦 x3 組
2.5 號百碼金屬拉鍊 x21cmx3 條
3.5 號百碼金屬拉鍊 x20cmx1 條

4.5 號金屬拉鍊拉頭 x4 個
5. 彩色撞釘 8x8mmx10 組
（加強固定提把用）
6.2cmD 環 x2 個

7.D 環固定皮片 x2 組
8.1.8cm 寬皮條 x17cmx1 條
9. 撞釘 8x10mmx 6 組
10.3mm 塑膠出芽繩 x80cmx1 條

★ How to Make ★　製作固定飾條　(此步驟可以現成 2cm 寬之織帶或皮革替代)

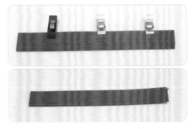

01 取 18x8cm 帆布畫出中心線，左右兩側往中心線內折。

02 接著再對折，左右兩邊各沿 0.2cm 處做壓縫。

03 取中央的 10cm 做車縫。以珠針做記號後，車縫完成固定飾條。

製作表袋拉鍊口袋

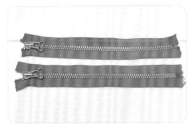

04 兩條 21cm 的碼裝拉鍊，分別拔除前後各 1cm 之拉鍊齒，再裝上拉鍊上止及拉頭備用。

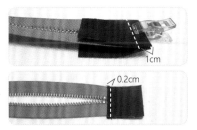

05 翻回正面壓線。拉鍊擋布 A 正面相對，夾入拉鍊前端，距邊緣 1cm 做車縫。

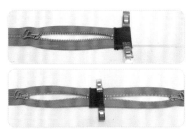

06 將拉鍊擋布另一側的縫份內折 1cm，再夾車另一條拉鍊的前端。

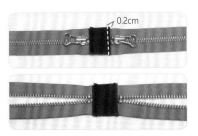

07 壓線完成兩條拉鍊的連結處。

08 前拉鍊口袋表、裡布兩片正面相對夾車步驟 7 的拉鍊。

09 翻回正面，沿拉鍊邊 0.2 及 0.7cm 各壓一條線，完成拉鍊口袋。

製作前表袋 U 型開放口袋

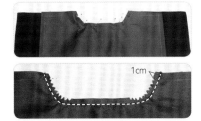

10 將 U 型口袋裡布 C 與表布 B 正面相對，車縫袋口弧型處，弧度處剪牙口及剪掉多餘縫份。

11 將步驟 10 翻回正面塑型，取中心點左右各 4cm 弧度處以拆線器拆除縫線，夾入固定飾條。

12 沿弧線處做壓縫，並在固定飾條的兩側中心點下 1cm 處打孔，釘上撞釘加強固定。

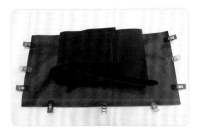

13 將 U 型袋襯底布 (1) 與 U 型口袋裡布 C 正面相對，四周先行固定。

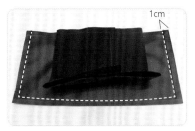

14 由正面，車縫 U 形三邊。車縫時，可將 U 型口袋表布內折，會較好車。

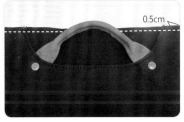

15 將 U 型口袋表布 B 與 U 型口袋襯底布 (1) 的上方 0.5cm 處以最大針距做疏縫固定。

0.5cm

16 將完成後的 U 型口袋下方與拉鍊口袋上方固定，再沿布邊 0.5cm 車縫一直線固定。

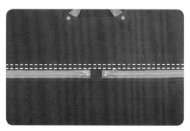

17 翻至正面，同步驟 9 在拉鍊邊壓兩條車線，再翻回正面。

0.5cm
疏縫

18 接著拉鍊口袋 (3) 襯底布與拉鍊袋裡布 (2) 正面相對，以最大針距做三邊疏縫後，由拉鍊口袋中心車出間隔線。

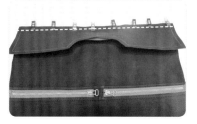

19 將前袋身 A 上與 U 型口袋布正面相對車縫固定。縫份倒開。

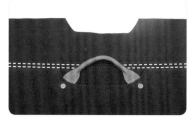

20 翻回正面，沿縫份上下分別壓固定線。完成前表袋的接合。

製作後表袋

21 依紙型 D 記號，製作一字拉鍊口袋。再皮片套入 D 型環。固定於後表袋 D 上。

接合前後表袋身

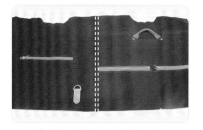

22 將前後表袋布正面相對車縫。先車一側，縫份倒向後表袋，再由正面沿脇邊線 0.2 及 0.7cm 處壓線，再完成另一側。

23 袋底 E，先車縫一圈出芽繩，弧度處剪牙口，並依腳釘記號點，安裝腳釘。(出芽繩請參考基本技法。)

結合袋底與袋身

24 將表袋身與底部正面相對，點對點，對齊後車縫一圈接合，弧度處需剪牙口。

25 翻回正面，將袋身做塑型。完成表袋。

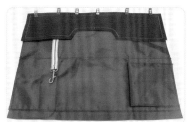

26 依紙型 D1 裁下袋身裡布，再依個人需求製作各式口袋及其它配件，接著與袋口貼邊 A 正面相對車縫組合。

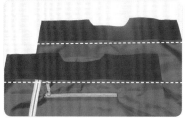

27 縫份倒向裡布，翻至正面在裡布壓線，完成前後兩片裡袋身。

肩背皮提把製作

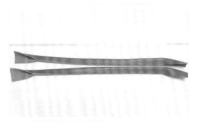

28 取 4x45cm 皮片對折,車縫中央 32cm 完成兩條肩背皮提把。

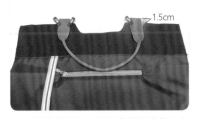

29 將肩背提把疏縫固定於裡袋身上的 貼邊布 (比需縫份凸出 1.5cm 之後 釘撞釘加強用)

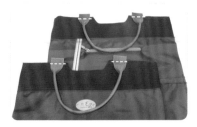

30 前後裡袋身都將提把疏縫固定。

31 依個別需求製作裡口袋及配件後, 將前後片裡袋身,正面相對,車縫 兩側。

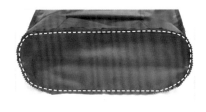

32 再與裡袋底 E 做接合,弧度處需剪 牙口。並剪多餘縫份。

組合表裡袋身

33 表袋身正面朝外,套入裡袋身内, 將返口留在前後肩帶中間之側袋身 約 15cm 處。

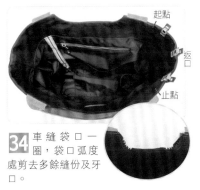

34 車縫袋口一 圈,袋口弧度 處剪去多餘縫份及牙 口。

35 由返口處翻回正面,在正面袋口壓 線一圈。

36 在兩條肩帶皮提把處下方釘上撞 釘,加強固定,後表袋中心處釘上 活動圓環用皮片及活動環。

37 取 2x17cm 厚皮片,於記號處打 孔,裝上撞釘及磁釦與活動環連 結。

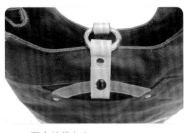

38 固定於袋身上。

39 再製作兩條後背帶扣上,就完成 囉。

好搭檔
斜背包

有沒有一種包,大小適中又百搭,要是能男生、女生都能背,還可做出區分就更好了!
選用厚實的帆布為基底,再以男生在左,女生在右的口袋做出對比性。我們就是這樣輕鬆好搭!

【完成尺寸】寬 28cmX 高 26.5cmX 底 10cm

[裁布表] 數字尺寸及紙型皆未含縫份，縫份未註明者 =1cm

部位名稱	尺寸 (cm)	數量	備註
表袋身			
前袋身左 (上)	依紙型 B	1	紙型正反面裁布，影響成品外口袋位置，請參考裁布注意事項
前袋身左 (下)	依紙型 C	1	
前袋身右	依紙型 A	1	
外口袋襯底	依紙型 D	1	
外口袋裡布	依紙型 E	1	
後袋身	依紙型 G	1	
側袋身	依紙型 H	2	
皮革外口袋蓋	依紙型 F	1	已含縫份
拉鍊口布	(2) 寬 20x 高 2.5cm	4	表：帆布　　裡：尼龍布
裡袋身			
前後袋身	依紙型 G1	2	
前後袋身貼邊	依紙型 G2	2	
側邊	依紙型 H1	2	
側邊貼邊	依紙型 H2	2	
前後開放式口袋	依紙型 G3	2	上緣折雙裁布
保溫瓶袋	(1) 寬 23x 高 22cm	1	
提把 / 背帶			
2cm 寬皮革斜背帶	120~130cm	1	
側邊 D 環固定皮片		2	

【其他材料】　　　　　　2.5 號百碼金屬拉鍊 x27cm 拉鍊 x1 條
1.14mm 撞釘磁釦 x1 組　　3.5 號百碼金屬拉鍊拉頭 x1 個

【裁布注意事項】

A. **成品為左側口袋** (以眼睛正視包包之角度而定)

＊表袋身 A：紙型正面朝下，於布的背面畫完成記號線
＊前表袋身 (上)B：紙型正面朝下，於布的背面畫完成記號線
＊前表袋身 (下)C：紙型正面朝下，於布的背面畫完成記號線
＊外口袋襯底 D：紙型正面朝下，於布的背面畫完成記號線
＊外口袋裡布 E：紙型正面朝上，於布的背面畫完成記號線

B. **成品為右側口袋** (以眼睛正視包包之角度而定)

＊表袋身 A：紙型正面朝上，於布的背面畫完成記號線
＊前表袋身 (上)B：紙型正面朝上，於布的背面畫完成記號線
＊前表袋身 (下)C：紙型正面朝上，於布的背面畫完成記號線
＊外口袋襯底 D：紙型正面朝上，於布的背面畫完成記號線
＊外口袋裡布 E：紙型正面朝下，於布的背面畫完成記號線

★ How to Make ★ 製作外口袋及表袋身

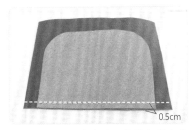

01 依紙型 F 裁皮外口袋蓋與前表袋身 (上)B 正面相對，距布邊 0.5cm 處先做疏縫固定。

02 將 1 完成之表袋蓋與外口袋襯底 D 正面相對，在上方車縫一道，縫份倒向外口袋襯底 D。

03 翻回正面，壓一道固定線。

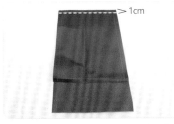

04 取 C 前表袋身 (下) C 與外口袋的裡布 E 正面相對，車縫一道固定。

05 翻回正面，壓線。

06 接著將外口袋裡布 E 與外口袋襯底 D 下緣車縫一線固定。

製作表袋身

07 完成外口袋之袋底。如圖。

08 完成之外口袋布與另一片表袋身 A 正面相對，車縫固定。

09 翻回正面，縫份倒向兩側，由中間在左側壓二道線固定。右側邊將外口袋與襯底布疏縫固定。

10 將完成的前袋身與後袋身 G 正面相對車縫下緣，完成底部接合。縫份倒向 2 側，縫份較厚處可用木槌稍加敲打。

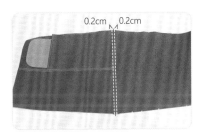

11 翻回正面，將縫份壓固定線。

12 將兩片表側袋身 H 分別與前後表袋身，依記號，點對點固定後車縫。弧度處需剪牙口。

13 如圖完成表袋製作。

14 依紙型記號在皮袋蓋及表袋布上打孔，裝上撞釘磁釦。

15 裁 2 片 G3 的裡口袋布，各自正對正對折，車縫後翻回正面壓線。

16 裁裡袋身 G1 再與口袋布 G3 做組合，先疏縫三邊 (U 字型)，再車中心的口袋隔間線。

17 再續將另一側的開放式口袋完成。

18 保溫瓶布片 1 對折後，車縫一道再翻回正面，並將上下兩側壓裝飾線。

19 將保溫瓶袋固定於裡袋身 G1 上，距離布邊 0.5cm 先做疏縫固定。

20 各自裁好側貼邊 H2 與裡側身 H1 正面相對車縫後，縫份倒向裡側袋身 H1，再翻回正面做壓線。

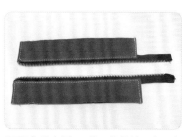

21 依裁布圖 (2) 裁 4 片拉鍊口布，夾車 28cm 的碼裝拉鍊，翻正面壓車縫三邊。(參考拉鍊口布做法)

22 將裡袋身 G1 正面朝上放底層，疊上拉鍊口布（正面朝上）再疊裡袋身貼邊 G2（正面朝下）、三層一起對齊後車縫固定。

23 車縫後，縫份倒向裡袋身，翻至正面做壓線。如圖所示。

24 將裡袋身與側身裡布 H1，以點對點對齊，側邊朝上，做車合。弧度處需剪牙口。

25 完成裡袋身。縫份需壓開。

組合表裡袋身

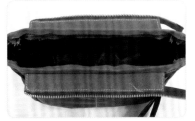

26 將表袋身的袋口縫份內折 1cm。反面朝外。

27 裡袋身的袋口縫份同樣內折 1cm，正面朝外。

28 表袋身套入裡袋身，袋口以夾子固定一整圈。（縫份較厚處可先以木槌敲平。）註：表袋身前後套入之位置會影響拉鍊開口方向，需注意。

29 由側袋身開始，離袋口 0.3cm 沿袋口車縫一圈。再裝上拉頭。

30 在側袋身打孔，並安裝上斜背帶的 D 環五金皮片。

31 安裝拉鍊皮片，拉鍊北面先黏上雙面膠帶，備皮片貼好後對折，再打洞裝上 6mm 撞釘。

32 掛上斜背袋，即完成囉。

騎士追風
帆布斜背包

為城市追風者量身打造的包款具有承裝的容量、耐磨的質地與兼具時尚性和實用度。多層次的口袋，以防潑水處理的石洗帆布材質正適合，享受在穿梭的時光中！

【完成尺寸】寬 33cmX 高 26cmX 底 11cm

[裁布表] 數字尺寸及紙型皆未含縫份，縫份未註明者 =1cm

部位名稱	尺寸 (cm)	數量	備註
表袋身			
前後袋身	依紙型 A	2	
側邊	依紙型 B	2	
袋底	(1) 寬 20x 高 11cm	1	
前口袋布	依紙型 C	1	袋口上方縫份 2 公分
前口袋蓋	依紙型 D	4	
外袋蓋	依紙型 E	2	
裡袋身			
前後袋身貼邊	依紙型 A1	2	
前後袋身	依紙型 A2	2	
側邊貼邊	依紙型 B1	2	
側邊	依紙型 B2	2	
袋底	(1) 寬 20x 高 11cm	1	
前後開放式口袋	依紙型 A3	2	上緣折雙裁布
20 公分拉鍊口袋	(2) 寬 21x 高 36cm	1	
保溫瓶袋	(3) 寬 23x 高 22cm	1	
提把			
2 公分寬皮革斜背帶	120~130cm	1	
側邊 D 環固定皮片		2	
2cmD 環		2	

【其他材料】
1.1.8cm 寬皮條 x36cmx2 條
2. 蘑菇撞釘 8x10mmx8 組
3. 雙撞釘 8x10mmx6 組
（固定袋蓋用）
4.2cm 寬舌帶片五金 x2 組
5.20cm 拉鍊 x1(內袋用)

★ How to Make ★　製作表袋身

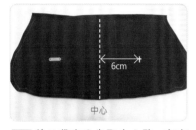

01 前口袋布 C 先取中心點，左右 6cm 處各做記號，並依使用之舌片插扣五金位置打孔。

02 袋口上方縫份 2cm，縫份先內折 1cm 後再折 1 次。

03 由正面壓固定線，並裝上舌片插釦五金。

96

04 前口袋布 C 疊在前袋身表布 A 上，對齊下緣及中心點，由中心車一直線做口袋分隔線。

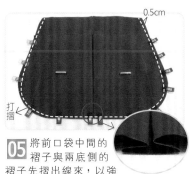

05 將前口袋中間的褶子與兩底側的褶子先摺出線來，以強力夾與表袋布固定，可先疏縫整個袋底至側身一 U 型，弧線處剪牙口。

06 取裁布圖 (1) 之底部裝飾布與紙型 B 的側邊布正面相對車縫，將縫份倒開，翻正面壓固定線。

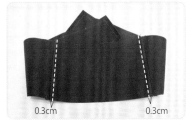

07 同步驟 6 完成另一邊的側邊布與底部的接合。

08 將側邊布做出點對點記號，弧度接合處需剪牙口。

09 表袋布依紙型做點對點記號，弧度處剪牙口備用。

10 紙型 E 外口袋蓋布兩片正面相對車 U 字型，再將多餘縫份剪鋸齒狀，翻回正面壓線完成二個袋蓋。

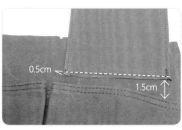

11 完成的外口袋蓋布與外口袋袋口上方 1.5cm 處對齊 (可參考紙型標示) 先車縫袋蓋邊緣 0.5cm 固定。

12 將袋蓋往下蓋住外口袋，再由正面袋蓋上緣 1cm 處壓線固定。重複步驟 11~12 完成另一袋蓋。

13 步驟 8 之側邊布與表袋布依記號點對點，正面相對，車 U 型一圈接合。

14 再接合另一表袋布，完成外袋身，並將縫份倒開。

15 距離袋口縫份 1 公分處黏貼寬版雙面膠備用。

製作裡袋身

16 側邊裡布 B2 與側邊貼布，正面相對車合，縫份倒向側邊裡布，再由正面壓線 0.2cm。重複步驟完成另一側邊裡布的接合。

17 裡袋身片 A2 依個人需求，先製作拉鍊口袋或開放口袋，再與裡袋身貼邊布 A1 正面相對車合。

18 翻回正面，縫份倒向裡袋身片 A，沿邊壓線 0.2cm。重複步驟，完成另一裡袋身。

19 將完成的裡袋身與步驟 16 的側邊袋底對齊固定，車 U 型一圈，弧度處需剪牙口。

20 再接合另一片裡袋身片，完成裡袋身的組合。

21 倒開縫份。

組合表裡袋

22 將袋口縫份內折 1cm。

23 將步驟 15 完成之表袋套入裡袋內，背面相對，背裡布正面朝外，以夾子固定一圈。兩側邊縫份較厚處先以小槌子敲打袋口車縫一圈。

24 將袋身翻回正面，整理袋型。

組合表袋蓋

25 取袋蓋布 E，兩片正面相對，上方留返口 16cm，依袋蓋形狀車縫，再剪去多餘縫份，弧度處剪鋸齒狀牙口。

26 翻回正面，整理袋蓋形狀。

27 由中心點向外 6cm 處，夾入裝飾皮條於袋蓋布內，再沿袋蓋邊 0.3cm 壓一圈裝飾線。

28 皮條背面中心黏貼細雙面膠帶，再固定於袋蓋上。（以珠針協助標示記號）

29 依紙型標示記號，釘上蘑菇裝飾釘。

30 依紙型標示記號，將袋身的袋口與袋蓋上先打洞。

31 用固定撞釘釦，將袋蓋與袋身組合。

32 側邊釘上狗骨頭 D 環皮片，裝上斜背帶完成。

[裁布表] 數字尺寸及紙型皆未含縫份，縫份未註明者 =1cm

部位名稱	尺寸 (cm)	數量	備註
表袋身			
前後袋身	依紙型 A	2	帆布款則短邊折雙裁布
袋底	依紙型 B	1	
側邊口袋	依紙型 C	4	
袋蓋	依紙型 D	2	
裡袋身			
前後袋身貼邊	依紙型 A1	2	
前後袋身	依紙型 A2	2	加特殊襯
袋底	依紙型 B	1	加特殊襯
立體口袋	(1) 寬 41x 高 32cm	1	依個別須求隔間
提把			
紅色帆布提把下片	(2) 寬 9x 高 45cm	2	已含縫份
藍色帆布提把上片	(3) 寬 7x 高 45cm	2	已含縫份

【其他材料】
1.3mm 塑膠出芽繩 ×94cm
2.18mm 磁釦 ×1 組

3. 裝飾皮標 ×1
4.20cm 拉鍊 ×1 條（裡口袋用）
5.2cmD 環 ×1（裡袋鑰匙鉤環用）

★ How to Make ★ 製作表袋身

01 依側邊口袋布 C 裁 4 片，再兩兩正面相對車縫一圈，並於上方留 6–8cm 返口處，車縫後弧度處剪牙口並剪去多餘縫份，翻回正面，於口袋上緣 0.3cm 壓線。

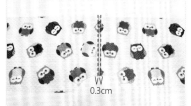

02 前後袋身 A 正面相對車縫一側，縫份倒向兩側邊，翻回正面壓 0.3cm。
註：袋身表布可先加上所需裝飾布標再車縫。

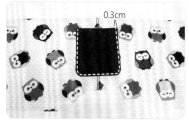

03 車縫 U 型，固定側口袋。

04 重複步驟 2~3 完成另一側邊口袋的組合，側口袋袋角兩側可以用固定釦做加強及裝飾。

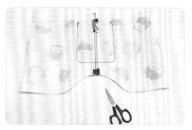

05 完成貓頭鷹表袋身的接合後，袋底處依紙型做接合點記號，並於弧線處需剪牙口。

06 取船型袋底布 B，作出四個中心點位置及點對點接合記號，再依紙型上的記號點安裝腳釘。

07 袋底布 B 車上一圈出芽布條，車
完後，弧線處需剪牙口。
（出芽做法參考常用技法）

08 將表袋身的袋底與船型袋底布正面
相對，依記號處點對點固定，車縫
一圈組合。

09 完成表袋身，翻回正面。

★ How to Make ★ 製作裡袋身

10 製作立體裡口袋：取紙型 1 之口袋裡布，在背面 32cm 的兩側貼上極細雙面膠
帶，二側往內各折 1cm 貼合。再將口袋布正面上下對折。上方車縫一直線。
（注意：黏貼時請避開車縫時會下針之處）

11 依需求抓出兩立體口袋摺子，固定
後依序壓線。

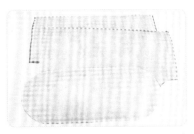

12 依紙型裁出前後裡袋身 A2 及袋底裡布 B，並疏縫與前後裡袋身及袋底相同尺寸
之特殊襯。

13 將立體口袋
布 1 固定於
裡袋身 A2 上，車縫兩側及下方（ㄇ字型）
完成裡口袋。

14 表袋蓋 D 先於記號處裝上磁釦公
釦，再將兩片表袋蓋布正面相對車
縫ㄇ字型，弧度剪牙口。

15 翻回正面，沿邊壓線車 0.3cm ㄇ
字型（袋口上方不需車縫）

16 將袋身裡布正面朝上，疊上袋蓋 D
（正面朝上），最後疊上袋身貼邊布
A1(正面朝下)，固定後沿上緣車縫一直
線。

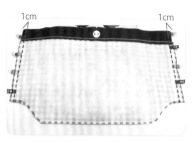

17 袋口貼邊翻回正面，縫份倒向裡袋身，距離貼邊布 0.3cm 處，於裡袋身上壓線。（注意先將表袋蓋掀起，勿壓線）

18 在前袋身貼邊 A1 取中心點安裝磁釦，並重覆步驟 16~17，車縫另一片裡袋身與藍色帆布袋口貼邊布。

19 將裡袋身正面相對車縫兩側。

20 袋底以珠針固定一圈後，車合，弧度處需剪牙口。

21 完成裡袋身接合。

表裡袋身組合

22 將表袋身和裡袋身的袋口縫份內折 1cm，以夾子固定。(石蠟帆布以手壓過，縫份便可固定不動)

23 將裡袋身套入表袋身背面相對，需注意前後表裡袋身對應位置，再以夾子固定一整圈。

24 製作帆布雙色提把，並於中心點左右各 7cm 處，將提把夾入表袋身與裡袋身之間。

25 翻正面，袋口 0.3cm 壓線一整圈，完成袋身。
PS. 兩側加上皮片 D 環及斜背帶，便可斜背。

春漾花朵
三層包

以一種午後拎著就可以轉換的心情，開心吃飯、聊聊天散步。織帶配上皮製的手握提把，能經得起使用留下來的痕跡，保有手感的溫度。而三層的內層設計，更豐富了機能性！

【完成尺寸】寬 27cmX 高 20cmX 底 13cm

部位名稱	尺寸 (cm)	數量	備註
表袋身			
前後袋身	依紙型 A	2	
前後外口袋	依紙型 B	2	花朵表布
	依紙型 B	2	水玉裡布
側邊	依紙型 C	2	
拉鍊口布	(1) 寬 28 x 高 2.5 cm	2	花朵表布
	(1) 寬 28 x 高 2.5 cm	2	水玉裡布
裡袋身			
前後袋身貼邊	依紙型 A1	2	
前後袋身	依紙型 A2	2	
側邊貼邊	依紙型 C1	2	
側邊	依紙型 C2	2	
前後開放式口袋	依紙型 A3	2	上緣折雙裁布
20 公分拉鍊口袋	(2) 寬 21 x 高 36 cm	1	
保溫瓶袋	(3) 寬 23 x 高 22 cm	1	
提把			
皮革織帶提把	45cm 長	2	

【其他材料】
1.4V 百碼塑鋼拉鍊 x35cmx1 條
2.4V 塑鋼拉鍊拉頭 x1 個

3. 拉鍊尾裝飾片 x1 個
4. 裝飾布標 x1 片
5.20cm 拉鍊 x1 條 (裡口袋用)

★ How to Make ★   製作表袋身

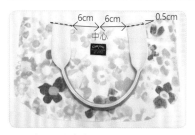

01 依紙型前後外口袋表布 B 可先車縫布標裝飾片。並於中心點左右 6cm 疏縫上提把。

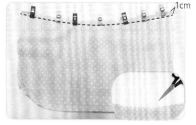

02 外口袋裡布 B，與車好提把的表布正面相對，車縫袋口上緣，弧型處需剪牙口。

03 翻回正面，於 0.3cm 處壓一道固定線，並剪去兩側多餘的布邊，後外口袋方法亦同。

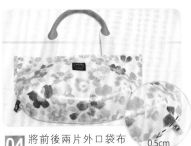

04 將前後兩片外口袋布下緣依記號做出摺子，於 0.5cm 處疏縫固定。

05 接著將前後片的外口袋與表袋身 A 依記號疏縫 0.5cm 固定。

06 將兩片側邊袋底布 C 正面相對車縫底部，縫份倒向兩側，翻正面 0.3cm 處壓固定線，做出點對點接合記號，弧線處需剪牙口，方便與表袋身固定。

07 將前後表袋身弧度處剪鋸齒狀。

08 前後袋身分別與側邊袋底布 C 依記號，點對點對齊，以夾力夾先行固定，U 型車縫。

09 完成所有表袋身的接合。

製作裡袋身

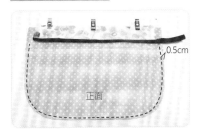

10 紙型 A3 開放式口袋，上緣折雙，車固定線後與 A2 的裡袋布身疏縫接合。袋口以強力夾固定好預先製作好的拉鍊口布。(正面朝上)

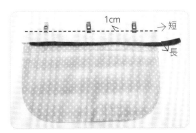

11 再疊上裡袋貼邊 A1 (正面朝下，注意短邊處對齊布邊，長邊處朝下，車合。)

12 依序完成二片裡袋身的拉鍊口袋、貼邊口袋等設計。並分別疊合裡袋貼邊布。(注意：兩片拉鍊口布拉鍊尾方向相反)

13 拉鍊口布往上翻，將縫份倒向裡袋身 A2 壓線後，裡袋身弧度處剪牙口。

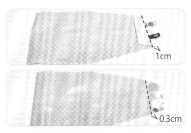

14 裡袋側邊貼邊 C1，以長邊處對齊布邊與裡側邊布 C2 正面相對車合，縫份倒向裡側邊布，翻正面 0.3cm 壓線。

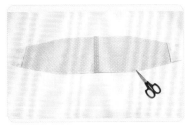

15 將完成的兩片裡側邊布正面相對車合，縫份倒向兩側，翻正面壓線 0.3cm 後，依紙型標出點對點接合記號。

16 裡袋身與側邊袋底布，對齊記號點車合一圈。弧線處需剪牙口，並剪去多餘縫份。

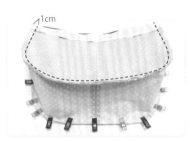

17 再完成另一邊的裡袋身與裡側邊布之接合。

18 裡袋身袋口，對齊布邊黏上 3mm 雙面膠帶，將縫份反摺 1cm 固定。

19 表袋身袋口縫份亦內折 1cm。

20 裡袋身正面朝外，表袋身背面朝外，套入裡袋身（二者背對背）如圖。

21 縫份較厚處，可先以小槌子敲打再車縫，會更順利。

22 於表袋身距袋口 0.3cm 壓線一整圈，完成組合。

23 拉鍊尾端以各自喜歡方式收邊。

24 完成三層包囉～

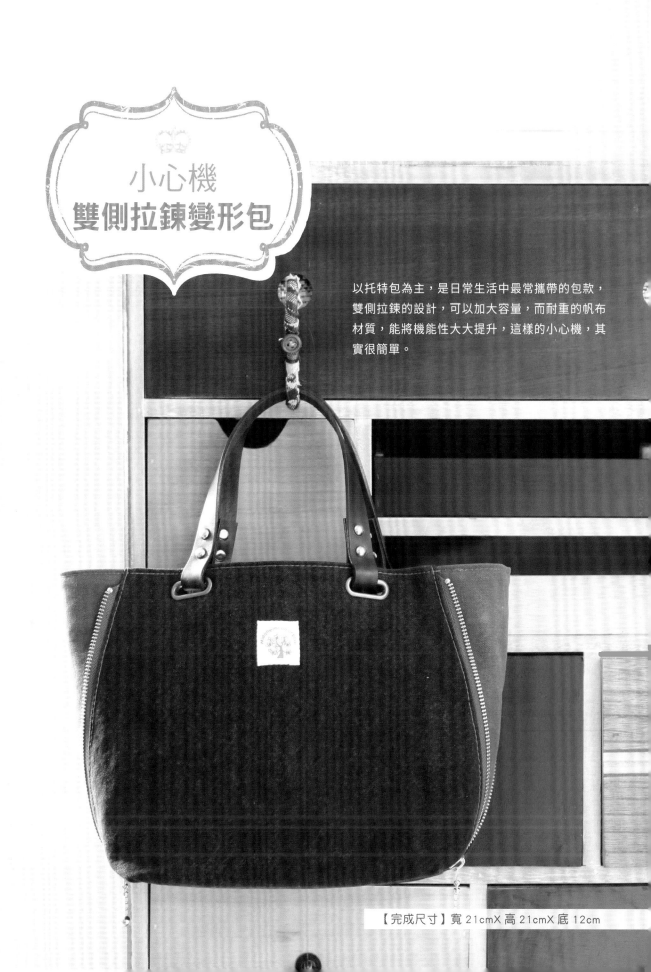

小心機
雙側拉鍊變形包

以托特包為主，是日常生活中最常攜帶的包款，雙側拉鍊的設計，可以加大容量，而耐重的帆布材質，能將機能性大大提升，這樣的小心機，其實很簡單。

【完成尺寸】寬 21cmX 高 21cmX 底 12cm

[裁布表] 數字尺寸及紙型皆未含縫份，縫份未註明者 =1cm

部位名稱	尺寸 (cm)	數量	備註
表袋身			
前後袋身	依紙型 A	2	
側袋身	依紙型 B	2	
裡袋身			
前後袋身	依紙型 C	2	
前後袋身貼邊	(1) 寬 35x 高 3cm	2	
前後開放式口袋	(2) 寬 18x30cm	2	
保溫瓶袋	(3) 寬 23x 高 22cm	1	
提把			
皮革提把	寬 1.8x 長 45cm	2	
蛋型雞眼釦	內徑 2.5cm	4	
蘑菇釘	8x10cm	8	

【其他材料】

1. 布標 x1
2. 口袋側布標 x1
3. 5 號百碼金屬拉鍊 24.5cmx2 條
4. 5 號百碼金屬拉鍊拉頭 x2 個

★ How to Make ★ 製作碼裝拉鍊

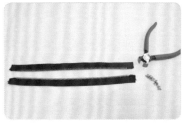

01 裁 1 條 23.5cm 碼裝拉鍊，分開為兩邊後，用工具將前後端拉鍊齒各拔除 4 個。(可先安裝拉鍊上止，或於後補上)

02 依紙型標示，在表袋布 A 拉鍊車縫止點做記號。

製作表袋布

03 取一側拉鍊置於後表袋身布 A 上，拉鍊前端縫份向上反摺。

04 再疊上側袋身布 B(正面朝下)。距離布邊 0.5cm 做車縫固定拉鍊。

05 縫份倒向後表身 A，距拉鍊布 0.3cm 壓線，如步驟 3 將另一邊拉鍊固定於側袋身 B 的另一邊。

06 接著疊上前袋身表布 A 正面朝下，距離布邊 0.5cm 夾車固定拉鍊。

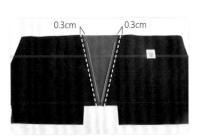

07 縫份倒向前袋身布 A 距布邊 0.3cm
壓線。

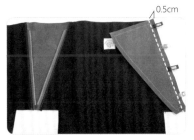

08 重複步驟 3~4，取另一條拉鍊一
側置於前表袋身布上，拉鍊前端
要反摺，再疊上另一側袋身布 B 做車
合。(夾車拉鍊時，皆以 0.5cm 處車縫)

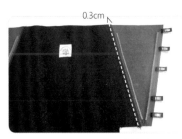

09 翻回正面，同樣壓裝飾線。側邊
布 B 再貼上另一側拉鍊，與後袋
身布 A 正面相對。

10 再由正面壓縫最後一側拉鍊，完成
四片表袋身接合如圖。

11 兩側邊皆裝上拉鍊拉頭，將拉頭
往上拉距離布邊 2.5cm，以免影
響表袋底布接合。

12 前後表袋身 A 之袋底，車縫一直
線，完成袋底。

13 袋底縫份倒向兩邊，左右分別與側
袋身布固定，車縫完成兩側袋底
角。

14 表袋身完成如圖。

製作保溫袋及開放式內口袋

15 將保溫瓶套布正面相對對折車好
後，翻回正面，沿布邊 0.3cm 上
下各壓線，備用。

16 取口袋片 (1)，正面相對車縫三邊，
留返口 10cm 不車，三個角邊剪
斜角。

17 由返口將口袋布翻回正面，四邊角
可用錐子輔助挑平。返口處縫份內
折後，再沿邊 0.3cm 壓固定線。

18 可自行設計，再完成另一個開放
式內口袋，並可車上布標。將兩
個內口袋，先固定於裡袋身。注意袋口
的方向，再車縫 U 型三邊。

製作裡袋身

19 裁兩片裡袋貼邊布(1)與裡袋身袋口正面相對對齊，車縫一道。

20 縫份倒向裡袋身，在裡袋身正面壓固定線。

21 將完成之裡袋身C對折，並夾入保溫瓶套後，將左右兩側車縫固定。

表裡袋身接合

22 再將袋底對齊好後，車縫固定，完成裡袋身。

23 將完成的表袋身及裡袋身袋口縫份各內折1cm，接合處較厚的部分可用槌子敲平。

24 意將裡袋身正面朝外與表袋身背面相對，袋口對齊後，先固定好。正面袋口壓線0.3cm一圈。

25 翻回正面，完成袋身組合。側邊拉鍊記得安裝上止。(或於步驟1先完成)

26 依紙型記號安裝蛋型雞眼釦4個。

27 安裝皮革提把，完成囉！

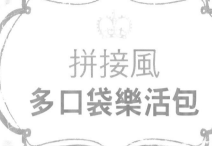

拼接風
多口袋樂活包

明亮的色彩，優雅的花草，拼接組合成活潑的秘密花園。雖然是簡單的方型包款，卻把設計重點放在橢圓的袋底及不彰顯風格的貼式口袋，加強實用性，讓通勤、購物、運動都百搭。

【完成尺寸】寬 32cmX 高 29.5cmX 底 21cm

俏麗水玉
輕巧斜肩包

其實有些時候，只需一個輕便包款，可以省去翻找包包的時間。輕巧俐落的斜肩包，少了層層疊疊的裝飾，卻也讓舉手投足間更顯自然的品味。

【完成尺寸】
寬 30cmX 高 16.5cmX 底 10cm

[裁布表] 數字尺寸及紙型皆未含縫份，縫份未註明者 =1cm

部位名稱	尺寸 (cm)	數量	備註
表袋身			
前後袋身	依紙型 A	2	
袋底	依紙型 B	1	
出芽繩布條	(1) 寬 74.2x 高 3cm	1	橫紋布
拉鍊口布	(2) 寬 21x 高 1.5cm	4	
裡袋身			
前後袋身	依紙型 A2	2	
前後袋身貼邊	依紙型 A1	2	
袋底	依紙型 B	1	
前後開放式口袋	(3) 寬 18x 高 22cm	2	
提把 / 背帶			
1.8cm 寬皮革條	110cm	1	
1.8cm 寬皮革條	42cm	1	
側邊背帶連接片	提把紙型 C3	2	
肩背帶 (前後兩端)	(4) 寬 82x 高 4cm	1	已含縫份
肩背帶 (中間)	(5) 寬 42x 高 7.5cm	1	含縫份，完成之提把中央為 38 公分，兩端各留 1.5cm 穿入圓形彈簧圈用
撞釘	8x10mm	4	
奶嘴釘	0.5cm	4	
皮帶針釦	2cm 寬	1	
皮帶固定環皮片	0.7x6.5cm	1	
圓形彈簧圈	2.5cm 內徑	2	

【其他材料】
1.4V 百碼塑鋼拉鍊 x27cmx1 條
2.4V 塑鋼拉鍊拉頭 x1 個

3. 拉鍊尾皮裝飾片 3x3cmx1 片
4. 裝飾皮標 x1 片
5. 塑膠出芽繩 2mmx71.2cm

★ How to Make ★　製作表袋身

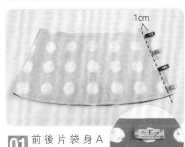

01 前後片袋身 A 正面相對車縫一側，縫份倒開，再翻正面壓線。

註：表袋身可先依需求車上皮標或布標。

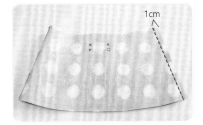

02 再將兩片表袋身正面對齊後車縫。另一側，組合前後袋身。

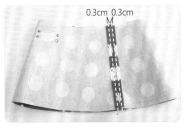

03 將縫份以骨筆壓開至兩側，再翻回正面沿縫份邊0.3cm壓線固定。

袋身前後組合完成。

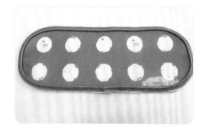

05 於袋底布 B 裁好後,先疏縫出芽一圈。(出芽繩請參考基本技法)

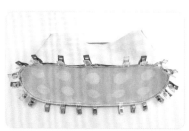

06 袋底圓弧處需剪牙口。再將袋底與袋身點對點對齊後,車合一圈。

07 完成表袋身的組合。

製作裡袋身

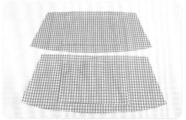

08 依紙型 A2 裁兩片袋身裡布,並依個人需求自己設計內口袋。

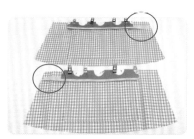

09 袋身裡布正面朝上,疊上拉鍊口布(正面朝上),注意取中心點齊,及拉鍊的方向性。

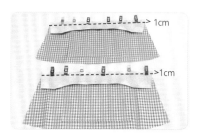

10 再分別疊上袋身貼邊,以夾子固定後車縫。

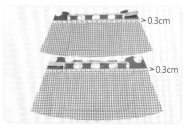

11 將縫份倒向裡布,於裡布上緣 0.3cm 壓線。(注意拉鍊口布需上翻及拉鍊尾端方向相反)

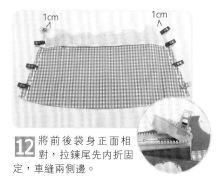

12 將前後袋身正面相對,拉鍊尾先內折固定,車縫兩側邊。

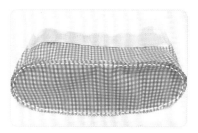

13 裡袋身與袋底正面相對,圓弧處需剪牙口,接合袋底。

14 分別完成表、裡袋身的組合。

組合表裡袋身

15 對齊表袋身的布邊黏上整圈 3mm 細雙面膠帶，並將縫份內折 1cm 固定。(弧度處需剪牙口)

16 裡袋身的袋口同步驟 15 表袋身袋口處理，將縫份內折。(弧度剪牙口)

17 將表袋身背面套入裡袋身內，由表袋身的袋口 0.2cm 處壓線一圈。(注意先將拉鍊口布往下折)

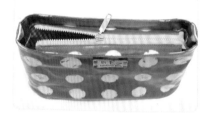

18 翻回正面。裝上拉鍊頭。

19 拉鍊尾端可先以雙面膠帶固定，裝上 3x3cm 的裝飾皮片，並利用工具打孔。)

20 再以撞釘固定，完成拉鍊尾端裝飾。

製作背帶皮片環

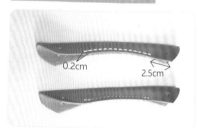

0.2cm
2.5cm

21 依紙型 C3 裁剪後，再將皮片對摺車縫 0.2cm，前後端各留 2.5cm 不車縫，並打孔備用。

22 依紙型上記號，將皮片環如圖固定於袋身。

23 製作可拆式皮革斜背帶。

24 安裝可拆式斜背帶(以奶嘴釘固定)，方便拆卸。

25 也可替換為肩背款哦！
(參考防水布肩背帶基本技法)

法式浪漫
打摺包

如同一朵盛開的鬱金香令人雀躍，對稱的打摺袋底，形成的立體袋身閃著光澤。換上厚實的帆布，再而以樸實的雙色織帶，釘上彩色的針釦，浪漫中也多一份天真的氣息。

換成帆布也很亮麗～

【完成尺寸】寬 33cm X 高 26cm X 底 10cm

英倫風
水手束口桶包

充滿著夏季海洋吶喊的青春,啟動夢想的帆船,在太陽升起前就備好不怕淋濕、不怕弄髒的包包,一起說走就走,去擁有呼吸風的氣息。因此,大容量的水桶包誕生了,袋口的抽繩束口設計,不止實用還超有型!

【完成尺寸】寬 21cmX 高 27cmX 底 14cm

[裁布表] 數字尺寸及紙型皆未含縫份，縫份未註明者 =1cm

部位名稱	尺寸 (cm)	數量	備註
表袋身			
前後袋身	依紙型 A	2	
袋底	依紙型 B	1	
巾著布	(1) 寬 38.6x 高 17cm	2	左右縫份 2cm/ 上方縫份 3cm
裡袋身			
前後袋身貼邊	依紙型 A1	2	
前後袋身	依紙型 A2	2	
袋底	依紙型 B	1	
前後開放式口袋	依紙型 A3	2	上緣折雙裁布
18 公分拉鍊口袋	(2) 寬 19x 高 36cm	1	內袋尺寸供參考，可依個別須求另行設計
保溫瓶袋	(3) 寬 23x 高 22cm	1	
提把			
帆布提把吊耳	(4) 寬 6x 高 5.5cm	4	
1.5 公分粗綿繩	80cm	2	

【其他材料】　　1. 細綿繩 x95cmx2 條　　　2.18cm 拉鍊 x1(內袋用)　　　3. 腳釘 x4 組

★ How to Make ★　　製作表袋身

01 將前後袋身布 A 兩片正面相對，先車縫一側，再以骨筆壓開縫份。

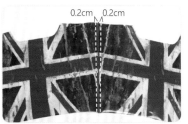

02 翻回正面，縫份兩側壓固定線。(可以矽利康筆協助車縫會更順利。)

03 重複步驟 1~2 完成另一邊。表袋身底部弧度處剪牙口。

04 表袋底布 B 依紙型記號加上腳釘，弧度處需剪牙口。

05 表袋袋身與袋底布 B 正面相對，依記號點對點以強力夾先固定，沿圓弧底部縫合。圓弧處需剪鋸齒狀及多餘縫份。

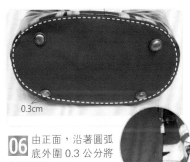

06 由正面，沿著圓弧底外圍 0.3 公分將底部壓線一圈。

製作袋口巾著布

07 將兩片裁布圖 (1) 巾著布正面相對，車縫兩側邊縫份 2cm 至止點（離上緣 5cm 處），再以骨筆倒開縫份。

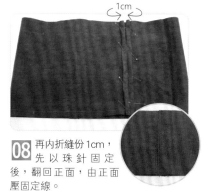

08 再內折縫份1cm，先以珠針固定後，翻回正面，由正面壓固定線。

09 巾著布上方縫份由正面先內折1cm，再折2cm，以珠針先固定一圈。

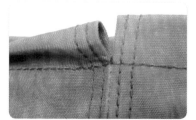

10 於兩側邊車縫止點下 0.5cm 處對齊，正面車縫一圈。

11 車縫完成束口袋的袋口，其接縫處會有一缺口。

12 將兩片前後袋口貼邊 A1 正面相對後，車縫兩側。

製作裡袋身

13 將束口袋下緣套入 A1 袋口貼邊內（如圖），正面相對，沿袋口車縫一圈固定。

14 依紙型 A3 完成前後裡袋身之口袋製作，或依個人需求製作內口袋。

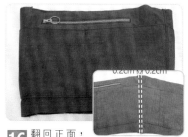

15 兩片前後裡袋身正面相對車縫二側邊，以骨筆倒開縫份至兩側。

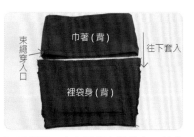

16 翻回正面，0.2cm 二邊壓線。

17 將束口布如圖套入裡袋身。結合裡袋及束口巾著布。

18 再將完成兩側車合之袋口貼邊布疊上如圖（背面朝外），車縫一整圈。

19 接著拉出束口布的部分。

20 並沿著裡袋身正面將縫份壓線一圈。

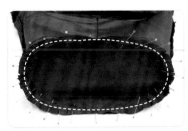

21 裡袋身下緣及袋底 B 裁片弧度處需剪牙口，並依記號點對點對齊固定，車縫一圈。

結合表裡袋及提把

22 製作提把布，將 4 片寬 6x 高 5.5cm 提把布，兩側各內折 1cm，由正面於 0.2cm 處壓固定線。

23 將裡袋身正對正套入表袋身，依記號處夾入提把布。

24 沿袋口車縫一圈，但需留一側邊 15cm 做為返口。剪去直角處多餘縫份，袋口弧度處剪牙口。

25 由側邊返口處將表袋布翻回正面，再沿著袋口 0.3cm 處壓線袋口一整圈完成。

26 備兩條細綿繩，以左右交叉的方式穿入束口袋布內。

27 將粗綿繩穿入提把布內，繩尾打結，完成作品。

[裁布表] 數字尺寸及紙型皆未含縫份，縫份未註明者 =1cm

部位名稱	尺寸 (cm)	數量	備註
表袋身			
前後袋身 (上)	紙型 A 上	2	
前後袋身 (下)	紙型 A 下	2	
袋底	(1) 寬 36x14cm	1	
裡袋身			
前後袋身貼邊 (上)	紙型 A 上	2	
前後袋身 (下)	紙型 A 下	2	
袋底	(1) 寬 36x14cm	1	
前後開放式口袋	(2) 寬 26x30cm	2	
20 公分拉鍊口袋	(3) 寬 21x 高 36cm	1	
保溫瓶袋	(4) 寬 23x 高 22cm	1	
提把			
皮革提把	紙型 B	4	先依紙型多 0.5cm 裁皮片，待黏合完成後再依紙型裁出正確形狀

【其他材料】　1. 布標 x1　　　　　　　3. 撞釘 8x10mmx16 組
　　　　　　　2.18mm 磁釦 x1 組　　　4.20cm 拉鍊 x1(內袋用)

★ How to Make ★　　製作表袋身

01 袋身表布 A 上，依個人喜好加上布標或其它裝飾。

02 袋身表布 A 下與 A 上，正面相對車合。

03 縫份倒向表袋身 A 下，並由正面沿表袋身 A 下接縫邊 0.2cm 壓線。

04 重複步驟，完成另一片表袋布的上下縫合。

05 將完成的兩片表袋布正面相對，先將一側脇邊車縫接合；並用骨筆將縫份壓開，倒向兩側。

06 翻至正面，由兩邊的接縫處的左右兩側分別壓 0.2cm 固定線。

…

07 重複步驟5~6完成另一側脇邊車合。（此側壓線較不方便，在縫紉機上請放慢速度慢慢車）

08 取袋底表布1，先取中心點與表袋身底部正面相對，先縫長邊一側至完成線記號為止。（起訖點都要回針）

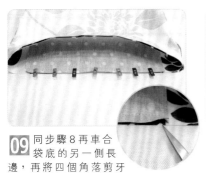

09 同步驟8再車合袋底的另一側長邊，再將四個角落剪牙口。

10 同步驟8~9，再接合兩側的短邊袋底。（注意起訖點回針縫份不車縫）

11 完成袋底車合後，將縫份倒向袋底1，再由袋底的正面0.3cm處壓固定線。

製作裡袋身

12 依紙型A上與A下各裁出裡袋身前後片的上下裡布，再依個人喜好，分別製作開放式(2)或拉鍊口袋(3)及保溫瓶袋。

13 同步驟1~10，將車好口袋的裡袋身下與裡袋身上車合後，再與袋底接合。

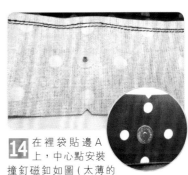

14 在裡袋貼邊A上，中心點安裝撞釘磁釦如圖（太薄的布可加上塑膠墊片）。

接合表裡袋身

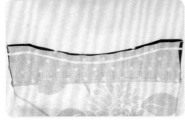

15 表袋布袋口的完成線下方0.5cm，先貼上一圈0.3cm細雙面膠，弧度處需剪牙口。（雙面膠避開車縫位置）

16 再將袋口1cm縫份往內折，整理貼合。

17 依同樣方法，也將裡袋布的袋口往內折1cm貼合。

18 接著將表袋身套入裡袋身內，背對背。

19 再由表袋身的正面沿袋口 0.3cm 處車縫一圈。

20 翻回正面，完成表裡袋身接合。

製作皮提把

21 依提把紙型 B 四邊外加 0.5 公分裁剪 4 塊皮片，均勻塗上強力膠。

22 將兩片皮片黏貼緊，待強力膠風乾後，裁剪掉多餘的皮片。完成兩條提把。

23 於提把周圍壓線 0.2cm，並依紙型上之提把記號打孔。

24 將兩條提把安裝於袋身上，即完成囉！

【紙型索引】

P.14 星空約定後背包 vs 肩腰包
（肩腰包）（B面）

P.14 星空約定後背包 vs 肩腰包
（後背包）（B面）

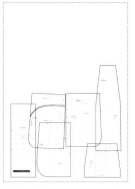

P.22 愛上復刻精神的斜背包
（A面）

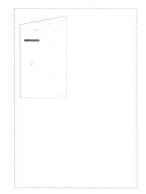

P.29 自然風假日托特包
（B面）

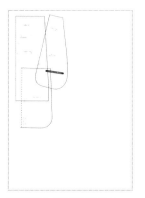

P.33 帥氣水洗石蠟後背包
（A面）

P.38 都會風時尚幾何包
（B面）

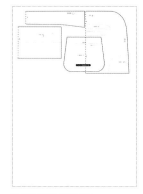

P.42 英倫風旅行包
（B面）

P.48 想念的季節波士頓包
（A面）

P.53 優雅花園反轉包
（A面）

P.58 羊咩咩後背包
（A面）

P.63 曲線糖衣後背包
（A面）

P.69 時尚風鍊條方包
（B面）

P.73 水玉雙拉鍊三用包
（A面）

P.77 心情也紛飛單肩包
（B面）

P.82 輕旅行機能後背包
（C面）

P.88 好搭檔斜背包
（C面）

P.94 騎士追風帆布斜背包
（D面）

P.100 古錐貓頭鷹船底實用肩
背包（C面）

P.105 春漾花朵三層包
（D面）

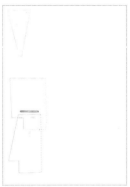

P.109 小心機雙側拉鍊變形包
（C面）

P.113 拼接風多口袋樂活包
（D面）

P.118 俏麗水玉輕巧斜肩包
（D面）

P.122 清新葉紋二用束口肩包
（D面）

P.128 法式浪漫打摺包
（C面）

P.007 織帶提把
（D面）

P.134 英倫風水手束口桶包
（D面）

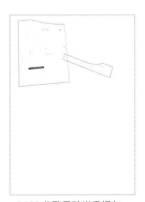

P.138 北歐風時尚手提包
（C面）

144